从0到1
jQuery 快速上手

莫振杰 著

人民邮电出版社

北京

图书在版编目（CIP）数据

从0到1：jQuery快速上手 / 莫振杰著. -- 北京：
人民邮电出版社，2020.4（2023.6重印）
ISBN 978-7-115-52633-5

Ⅰ. ①从… Ⅱ. ①莫… Ⅲ. ①JAVA语言－程序设计
Ⅳ. ①TP312.8

中国版本图书馆CIP数据核字(2019)第268928号

内 容 提 要

作者根据自己多年的前后端开发经验，站在完全零基础读者的角度，基于 jQuery 1.12.x 版本，详尽介绍了 jQuery 的基础知识及开发技巧。

全书分为 14 章，前 10 章主要介绍 jQuery 的基本技术，包括常用选择器、DOM 操作、事件操作、jQuery 动画、过滤方法、查找方法等；后 4 章主要介绍 jQuery 的进阶技巧，包括工具函数、开发插件、Ajax 操作以及高级技巧。

此外，本书不但配备了所有案例的源代码，作者还结合实际工作和前端面试的经验，精选了很多高质量的练习题。为了方便高校老师教学，本书还提供了配套的 PPT 课件。本书适合作为前端开发人员的参考书，也可以作为大中专院校相关专业的教学参考书。

◆ 著　　　莫振杰
　 责任编辑　俞　彬
　 责任印制　马振武

◆ 人民邮电出版社出版发行　北京市丰台区成寿寺路 11 号
　 邮编　100164　电子邮件　315@ptpress.com.cn
　 网址　http://www.ptpress.com.cn
　 北京七彩京通数码快印有限公司印刷

◆ 开本：787×1092　1/16
　 印张：18.5　　　　　　　2020 年 4 月第 1 版
　 字数：338 千字　　　　　2023 年 6 月北京第 11 次印刷

定价：49.80 元

读者服务热线：(010)81055410　印装质量热线：(010)81055316
反盗版热线：(010)81055315
广告经营许可证：京东市监广登字20170147号

如果你想要快速上手前端开发,又岂能错过"从 0 到 1"系列?

非常有个性的一本书,学起来轻松到爆!当初看到上一版时,真的是惊艳到我们了,简直像是发现新大陆一样。

或许,你可以随手翻几页,都能看出来作者真的是用"心"去写的。

曾经作为忠实读者,现在很幸运能够参与本书的审稿以及设计工作。事实上,对于这样一本难得的好书,相信你看了之后,也会非常乐意帮忙完善。

——五叶草团队

前言

　　一本好书不仅可以让读者学得轻松,更重要的是可以让读者少走弯路。如果你需要的不是大而全,而是恰到好处的前端开发教程,那么不妨试着看一下这本书。

　　本书和"从 0 到 1"系列中的其他图书,大多是源于我在绿叶学习网分享的超人气在线教程。由于教程的风格独一无二、质量很高,因而累计获得超过 100 000 读者的支持。更可喜的是,我收到过几百封的感谢邮件,大多来自初学者、已经工作的前端工程师,还有不少高校老师。

　　我从开始接触前端开发时,就在记录作为初学者所遇到的各种问题。因此,我非常了解初学者的心态和困惑,也非常清楚初学者应该怎样才能快速而无阻碍地学会前端开发。我用心总结了自己多年的学习和前端开发经验,完全站在初学者的角度而不是已经学会的人的角度来编写本书。我相信,本书会非常适合零基础的读者轻松地、循序渐进地展开学习。

　　之前,我问过很多小伙伴,看"从 0 到 1"这个系列图书时是什么感觉。有人回答说:"初恋般的感觉。"或许,本书不一定十全十美,但是肯定会让你有初恋般的怦然心动。

配套习题

　　每章后面都有习题,这是我和一些有经验的前端工程师精心挑选、设计的,有些来自实际的前端开发工作和面试题。希望小伙伴们能认真完成每章练习,及时演练、巩固所学知识点。习题答案放于本书的配套资源中,具体下载方式见下文。

配套网站

　　绿叶学习网(www.lvyestudy.com)是我开发的一个开源技术网站,该网站不仅可以为大家提供丰富的学习资源,还为大家提供了一个高质量的学习交流平台,上面有非常多的技术"大牛"。小伙伴们有任何技术问题都可以在网站上讨论、交流,也可以加 QQ 群讨论交流: 519225291、593173594(只能加一个 QQ 群)。

配套资源下载及使用说明

　　本书的配套资源包括习题答案、源码文件、配套 PPT 教学课件。扫描下方二维码,关注微信公众号"职场研究社",并回复"52633",即可获得资源下载方式。

职场研究社

特别鸣谢

本书的编写得到了很多人的帮助。首先要感谢人民邮电出版社的赵轩编辑和罗芬编辑,有他们的帮助本书才得以顺利出版。

感谢五叶草团队的一路陪伴,感谢韦雪芳、陈志东、秦佳、程紫梦、莫振浩,他们花费了大量时间对本书进行细致的审阅,并给出了诸多非常棒的建议。

最后要感谢我的挚友郭玉萍,她为"从 0 到 1"系列图书提供了很多帮助。在人生的很多事情上,她也一直在鼓励和支持着我。认识这个朋友,也是我这几年中特别幸运的事。

由于水平有限,书中难免存在不足之处。小伙伴们如果遇到问题或有任何意见和建议,可以发送电子邮件至 lvyestudy@foxmail.com,与我交流。此外,也可以访问绿叶学习网(www.lvyestudy.com),了解更多前端开发的相关知识。

作者

目录

第 1 章　jQuery ……………………… 1
- 1.1　jQuery 简介 ………………………… 1
  - 1.1.1　从"JavaScript"到"JavaScript 库" … 1
  - 1.1.2　关于 jQuery ……………………… 2
- 1.2　教程介绍 …………………………… 3
- 1.3　jQuery 下载与安装 ………………… 3
  - 1.3.1　下载 jQuery ……………………… 3
  - 1.3.2　安装 jQuery ……………………… 4
- 1.4　本章练习 …………………………… 4

第 2 章　基础选择器 …………………… 5
- 2.1　jQuery 选择器简介 ………………… 5
- 2.2　基本选择器 ………………………… 6
  - 2.2.1　元素选择器 ……………………… 6
  - 2.2.2　id 选择器 ………………………… 7
  - 2.2.3　class 选择器 ……………………… 8
  - 2.2.4　群组选择器 ……………………… 9
- 2.3　层次选择器 ………………………… 11
  - 2.3.1　后代选择器 ……………………… 11
  - 2.3.2　子代选择器 ……………………… 12
  - 2.3.3　兄弟选择器 ……………………… 14
  - 2.3.4　相邻选择器 ……………………… 15
- 2.4　属性选择器 ………………………… 17
- 2.5　本章练习 …………………………… 19

第 3 章　伪类选择器 …………………… 21
- 3.1　伪类选择器简介 …………………… 21
- 3.2　"位置"伪类选择器 ……………… 21
- 3.3　"子元素"伪类选择器 …………… 25
  - 3.3.1　:first-child、:last-child、:nth-child(n)、:only-child ……… 25
  - 3.3.2　:first-of-type、:last-of-type、:nth-of-type(n)、:only-of-type ……… 28
- 3.4　"可见性"伪类选择器 …………… 29
- 3.5　"内容"伪类选择器 ……………… 31
- 3.6　"表单"伪类选择器 ……………… 35
- 3.7　"表单属性"伪类选择器 ………… 37
- 3.8　其他伪类选择器 …………………… 38
- 3.9　本章练习 …………………………… 39

第 4 章　DOM 基础 …………………… 41
- 4.1　DOM 简介 ………………………… 41
  - 4.1.1　DOM 对象 ……………………… 41
  - 4.1.2　DOM 结构 ……………………… 41
- 4.2　创建元素 …………………………… 43
- 4.3　插入节点 …………………………… 45
  - 4.3.1　prepend() 和 prependTo() ……… 45
  - 4.3.2　append() 和 appendTo() ………… 48
  - 4.3.3　before() 和 insertBefore() ……… 50
  - 4.3.4　after() 和 insertAfter() ………… 52
- 4.4　删除元素 …………………………… 54
  - 4.4.1　remove() ………………………… 55
  - 4.4.2　detach() ………………………… 58
  - 4.4.3　empty() ………………………… 59
- 4.5　复制元素 …………………………… 60
- 4.6　替换元素 …………………………… 62
  - 4.6.1　replaceWith() …………………… 62
  - 4.6.2　replaceAll() ……………………… 63
- 4.7　包裹元素 …………………………… 64
  - 4.7.1　wrap() …………………………… 64
  - 4.7.2　wrapAll() ………………………… 65

4.7.3	wrapInner()	66
4.8	遍历元素	67
4.9	本章练习	71

第 5 章　DOM 进阶　73
5.1	属性操作	73
5.1.1	获取属性	73
5.1.2	设置属性	74
5.1.3	删除属性	77
5.1.4	prop() 方法	78
5.2	样式操作	80
5.2.1	CSS 属性操作	80
5.2.2	CSS 类名操作	83
5.2.3	个别样式操作	87
5.3	内容操作	94
5.3.1	html()	94
5.3.2	text()	96
5.3.3	val()	97
5.4	本章练习	99

第 6 章　事件基础　101
6.1	事件简介	101
6.2	页面事件	102
6.2.1	JavaScript 的 onload 事件	102
6.2.2	jQuery 的 ready 事件	103
6.2.3	ready 事件的 4 种写法	104
6.2.4	深入了解 jQuery 的 ready 事件	105
6.3	鼠标事件	107
6.3.1	鼠标单击	107
6.3.2	鼠标（指针）移入和鼠标（指针）移出	109
6.3.3	鼠标按下和鼠标松开	111
6.4	键盘事件	112
6.5	表单事件	115
6.5.1	focus 和 blur	115
6.5.2	select	117
6.5.3	change	119
6.6	编辑事件	122
6.7	滚动事件	123
6.8	本章练习	127

第 7 章　事件进阶　129
7.1	绑定事件	129
7.1.1	为"已经存在的元素"绑定事件	129
7.1.2	为"动态创建的元素"绑定事件	130
7.2	解绑事件	131
7.3	合成事件	134
7.4	一次事件	136
7.5	自定义事件	137
7.6	event 对象	139
7.6.1	event.type	140
7.6.2	event.target	141
7.6.3	event.which	142
7.6.4	event.pageX 和 event.pageY	143
7.6.5	keyCode	143
7.7	this	146
7.8	本章练习	148

第 8 章　jQuery 动画　149
8.1	jQuery 动画简介	149
8.2	显示与隐藏	150
8.2.1	show() 和 hide()	150
8.2.2	toggle()	153
8.3	淡入与淡出	154
8.3.1	fadeIn() 和 fadeOut()	154
8.3.2	fadeToggle()	156
8.3.3	fadeTo()	157
8.4	滑上与滑下	158
8.4.1	slideUp() 和 slideDown()	159
8.4.2	slideToggle()	161

8.5 自定义动画 ································ 162
　8.5.1　简单动画 ······························ 163
　8.5.2　累积动画 ······························ 165
　8.5.3　回调函数 ······························ 167
8.6 队列动画 ···································· 169
8.7 停止动画 ···································· 171
8.8 延迟动画 ···································· 174
8.9 判断动画状态 ······························ 175
8.10 深入了解 jQuery 动画 ················ 177
8.11 本章练习 ·································· 178

第 9 章　过滤方法 ···················· 179

9.1 jQuery 过滤方法简介 ·················· 179
9.2 类名过滤：hasClass() ················· 179
9.3 下标过滤：eq() ·························· 181
9.4 判断过滤：is() ··························· 182
9.5 反向过滤：not() ························· 184
9.6 表达式过滤：filter()、has() ········ 186
　9.6.1　filter() ··································· 187
　9.6.2　has() ······································ 189
9.7 本章练习 ···································· 190

第 10 章　查找方法 ·················· 191

10.1 jQuery 查找方法简介 ················ 191
10.2 查找祖先元素 ··························· 191
　10.2.1　parent() ································ 191
　10.2.2　parents() ······························ 194
　10.2.3　parentsUntil() ······················· 196
10.3 查找后代元素 ··························· 197
　10.3.1　children() ······························ 197
　10.3.2　find() ···································· 198
　10.3.3　contents() ····························· 200
10.4 向前查找兄弟元素 ···················· 200
　10.4.1　prev() ··································· 200
　10.4.2　prevAll() ······························· 201

10.4.3　prevUntil() ····························· 202
10.5 向后查找兄弟元素 ···················· 203
　10.5.1　next() ··································· 204
　10.5.2　nextAll() ······························· 205
　10.5.3　nextUntil() ····························· 206
10.6 查找所有兄弟元素 ···················· 207
10.7 本章练习 ·································· 209

第 11 章　工具函数 ·················· 211

11.1 工具函数简介 ··························· 211
11.2 字符串操作 ······························· 211
11.3 URL 操作 ································· 212
11.4 数组操作 ·································· 213
　11.4.1　判断元素：$.inArray() ··········· 214
　11.4.2　合并数组：$.merge() ············· 215
　11.4.3　转换数组：$.makeArray() ······ 215
　11.4.4　过滤数组：$.grep() ··············· 217
　11.4.5　遍历数组：$.each() ··············· 219
11.5 对象操作 ·································· 221
11.6 检测操作 ·································· 222
11.7 自定义工具函数 ························ 227
11.8 本章练习 ·································· 228

第 12 章　开发插件 ·················· 230

12.1 jQuery 插件简介 ······················· 230
12.2 jQuery 常用插件 ······················· 231
　12.2.1　文本溢出：dotdotdot.js ·········· 231
　12.2.2　延迟加载：lazyload.js ············ 232
　12.2.3　复制粘贴：zclip.js ················· 235
　12.2.4　表单验证：validate.js ············ 236
12.3 jQuery 插件 ······························ 238
　12.3.1　方法类插件 ··························· 238
　12.3.2　函数类插件 ··························· 242
12.4 本章练习 ·································· 244

第 13 章　Ajax 操作 ………… 245

13.1　搭建服务器环境………………… 245
13.2　Ajax 简介 ……………………… 247
13.3　load() 方法 …………………… 248
　13.3.1　load() 方法简介 …………… 248
　13.3.2　传递数据 ………………… 252
　13.3.3　回调函数 ………………… 253
13.4　$.get() 方法 …………………… 254
13.5　$.post() 方法 ………………… 256
13.6　$.getJSON() 方法 ……………… 259
13.7　$.getScript() 方法 …………… 261
13.8　$.ajax() 方法 ………………… 264
13.9　本章练习 ……………………… 267

第 14 章　高级技巧 ………… 268

14.1　index() 方法 …………………… 268
14.2　链式调用 ……………………… 271
14.3　jQuery 对象与 DOM 对象………… 273
14.4　解决库冲突 …………………… 276
14.5　jQuery CDN …………………… 279
　14.5.1　CDN 简介 ………………… 279
　14.5.2　jQuery CDN ……………… 280
14.6　本章练习 ……………………… 281

附录 A　DOM 操作方法 ……… 282

附录 B　常见的事件 ………… 284

附录 C　常见的动画 ………… 285

附录 D　过滤方法 …………… 286

附录 E　查找方法 …………… 286

第 1 章 jQuery

1.1 jQuery 简介

在学习 jQuery 之前，我们先来给小伙伴们介绍一下 jQuery 开发的基础知识。了解这些，对后续学习是非常重要的，同时也能让你少走很多弯路。

1.1.1 从"JavaScript"到"JavaScript 库"

"jQuery、Prototype、Mootools、YUI、Dojo、Ext.js……"

在平常的学习中，我们或多或少都听过以上这些名词。其实，这些都来自 JavaScript 库。那么问题就来了："JavaScript 库又是什么呢？本来已经有 JavaScript 了，为什么还会出现这玩意儿？"

我们都知道，JavaScript 是一门很烦琐的编程语言，不仅语法复杂，还会出现各种兼容问题。举个简单的例子，如果我们使用 JavaScript 来实现动画效果（如滑动、过渡等），那么代码量会非常大，而且还得对各个浏览器作兼容处理。因此，为了减少工作量，我们常常会把 JavaScript 中经常用到的一些功能或特效封装成一个"代码库"，这样在实际开发中只需要调用一些简单的函数就能直接使用这些功能或特效了。

对于"JavaScript"和"JavaScript 库"的关系，可以这样去理解。如果经常用到某一个特效，我们可以把这个特效封装成一个函数。这样以后需要用到这个特效时，我们只需要调用这个函数就可以了。我们把常用的功能或特效都像上面那样封装成一个个函数，这些函数放在一起就成了一个"JavaScript 库"。也就是说：jQuery、Prototype、Mootools 等，本身都是用 JavaScript 来写的。（这句话应该很好理解。）

打个比方，我们把"JavaScript"看成是**原料**，则"JavaScript 库"可以看成是用原料做成的**半成品**，而程序用到的功能或特效就是**成品**。如果想要得到一件成品，你可以直接用原料做，也可以用半成品做。不过用原料来做，工序肯定更多，时间也更长。而使用半成品来做，则可以省去很多工序，时间也会缩短很多。

实际上，我们即将学到的 jQuery 就是众多 JavaScript 库中非常好用的半成品，也是用得非常频繁的半成品。

1.1.2 关于jQuery

jQuery，也就是JavaScript和查询（Query）的组合，即辅助JavaScript开发的一个库。jQuery是全球十分流行的JavaScript库。在世界访问量前10 000的网站中，超过55%的网站在使用jQuery。

图1-1 jQuery

从前文我们可以知道，jQuery本身就是用JavaScript来写的，它只是把JavaScript中最常用的功能封装起来，以方便开发者快速开发。遥想当年，jQuery的创始人John Resig就是受够了JavaScript的各种缺点，所以才开发了jQuery。

jQuery具有很多优点，主要包括以下几点。
- 代码简洁。
- 完美兼容。
- 轻量级。
- 强大的选择器。
- 完善的Ajax。
- 丰富的插件。

"简洁与高效"是jQuery最大的特点。有一句话说得好："每多学一点知识，就少写一行代码。"实际上jQuery的理念亦是如此："Write less, do more."

【解惑】

1. 在三大框架（Vue、React、Angular）非常流行的今天，学习jQuery还有用吗？

jQuery依然被用得很多，现在互联网公司的项目并不都是使用Vue或React等来开发的，还有相当一部分项目是采用传统方式来开发，而传统方式大多数情况下都会用到jQuery。

在前端面试中，jQuery依然是必备的一项技能。如果只学Vue或React，实际上还是满足不了真正的前端开发工作。所以小伙伴们还是有必要认真地学一下jQuery。

2. 对于jQuery的学习，除了这本书，还有什么推荐的吗？

给小伙伴们一个很有用的建议：在学习任何编程语言的过程中，一定要养成查阅官方文档的习惯，因为这是重要的参考资料，并且还能提高自己的英文水平。其中，jQuery官方文档地址如下。

- jQuery API文档：http://api.jquery.com。
- jQuery UI文档：http://jqueryui.com/demos。
- jQuery Mobile文档：http://jquerymobile.com/demos。
- jQuery插件：https://plugins.jquery.com。

1.2 教程介绍

在学习 jQuery 之前，你必须要有 HTML、CSS 和 JavaScript 的基础才行。这里有一个现象要和大家说一下：很多小伙伴没有一点 JavaScript 基础，就跑去学习 jQuery。根据个人经验，我并不太赞成这种做法。因为 jQuery 本身就是用 JavaScript 来写的，它只是把 JavaScript 常用功能封装起来而已。jQuery 的很多语法其实与 JavaScript 的语法是相似或者是共通的。相信不少跳过 JavaScript 去学习 jQuery 的小伙伴都有过这样一段痛苦经历：看不懂 jQuery 的语法，又不得不跑回去翻 JavaScript，浪费了大量的时间，还把学习兴趣给磨灭了。

那么问题又来了："是不是要把 JavaScript 精通了，再去学 jQuery 比较好呢？"这倒完全没必要，我们只需要掌握 JavaScript 基础就可以开始学习 jQuery 了。那怎样才算掌握了 JavaScript 基础呢？很简单，因为"从 0 到 1"整个系列图书在编写的时候已经考虑到这一点了。本书是另一本书《从 0 到 1：JavaScript 快速上手》的进阶篇，小伙伴们可以先把那本书认真学习完，再来学习本书内容。

本系列图书中的每一句话，我都精心编写，反复审阅，尽量把精华呈现给大家。所以大家在学习的过程中，不要跳跃性地阅读，因为里面每一句话都值得你精读。

1.3 jQuery 下载与安装

1.3.1 下载 jQuery

对于 jQuery 文件，我们可以到 jQuery 官网下载，地址是：http://jquery.com。不知道怎么在 jQuery 官网下载的小伙伴也不用担心，本书源代码附有 jQuery 库文件，大家直接下载即可。

jQuery 文件有两个常用版本：一个是1.x 版本，另一个是3.x 版本。3.x 版本是目前的最新版本，与 1.x 版本有着相同的 API。1.x 版本兼容 IE6、IE7 和 IE8，而 3.x 版本不兼容 IE6、IE7 和 IE8。在实际开发中，我们建议使用1.x 版本，而不是 3.x 版本，原因有两个。

▶ 现在很多网站还是要考虑兼容 IE6~IE8。
▶ 大多数 jQuery 插件不支持 3.x 版本，只支持 1.x 版本。

不管是 1.x 版本，还是 3.x 版本，jQuery 文件都有两种类型：①开发版；②压缩版。表 1-1 是这两种类型的比较。

表 1-1　两种类型 jQuery 库文件的比较

类型	说明
jquery.js（开发版）	没有压缩，用于学习源代码
jquery.min.js（压缩版）	高度压缩，用于实际开发

开发版是没有压缩的，以"jquery.js"命名，一般供开发者学习 jQuery 内部的实现原理。压缩版是经过高度压缩的，以"jquery.min.js"命名，一般供实际开发者使用。

在实际开发中，我们一般都是使用压缩版，也就是"jquery.min.js"版本。压缩版经过压缩，体积小很多，这样也可以提高页面加载速度。那么小伙伴们就会问了："为什么不用开发版呢？"其实 jQuery 开发版是供大家学习 jQuery 内部原理的，也就是 jQuery 是怎么开发出来的。这就好比你使用一个软件，此时你是软件的使用者。但是要让你来开发软件，还得具备一定水平才行。对于初学者来说，我们暂时还没有那个水平去研究 jQuery 内部原理。

1.3.2 安装 jQuery

jQuery 文件，就是一个"外部 JavaScript 文件"。所谓的安装 jQuery，其实就是把这个外部 JavaScript 文件引入后，就可以使用 jQuery 语法了。

对于 1.x 版本来说，现在最新版本是 jquery-1.12.4.min.js。

▌ 语法

```
<script src="jquery-1.12.4.min.js"></script>
<script>
    //你的jQuery代码
</script>
```

▌ 说明

我们必须先把 jQuery 库文件引入，才能够使用 jQuery 语法。也就是说，你写的 jQuery 代码必须放在 jQuery 库文件下面才能生效。

像下面这种方式就是错误的，很多初学者容易犯这种错误，大家要特别注意。

```
<script>
    //你的jQuery代码
</script>
<script src="jquery-1.12.4.min.js"></script>
```

此外，jQuery 库文件的路径一定要写正确。不少初学者总是发现自己写的 jQuery 代码没有实现相应的效果，原因很可能就是引入的 jQuery 库文件路径没有写正确。

1.4 本章练习

单选题

下面有关 jQuery 的说法中，不正确的是（　　）。
A. jQuery 就是使用 JavaScript 编写出来的
B. jQuery 的兼容性非常差
C. 相对原生 JavaScript 来说，jQuery 语法更简洁
D. 在实际开发中，我们一般都是使用 jQuery 压缩版

注：本书所有练习题的答案请见本书的配套资源，配套资源的具体下载方式见前言。

第 2 章 基础选择器

2.1 jQuery 选择器简介

选择器，就是用一种方式把你想要的那一个元素选中。把这个元素选中了，你才能对它进行各种操作。jQuery 选择器和 CSS 选择器几乎完全一样，我们在接下来的学习中应该多对比一下这两者，这样学习速度可以提高很多。

在 JavaScript 中，如果想要选取元素，只能使用 getElementById()、getElementsByTagName()、getElementsByClassName() 等方法来获取。这些方法的功能有限，并且名字"又长又臭"，估计已经吓跑了不少初学的小伙伴。

而 jQuery 选择器完全继承了 CSS 选择器的风格，极大地方便了我们的开发。因为它不仅语法简单，而且功能也非常强大。jQuery 选择器有两类：一类是"基础选择器"，另一类是"伪类选择器"。这一章我们先学习基础选择器，第 3 章再学习伪类选择器。在 jQuery 中，基础选择器有以下 3 种。

- 基本选择器。
- 层次选择器。
- 属性选择器。

jQuery 选择器非常多，估计很多初学者还没开始学就糊涂了。在初学阶段，建议大家至少认真学习一遍，忘了没关系，等到实际开发需要用到的时候，我们再返回来翻看一下，多翻看几次就熟悉了。

实际上，我们接触的新知识如果没有经过实践，只是简单地看过一遍，大多数都是很容易忘记的。换一句话来说，学习新知识只是一个"输入"过程，而新知识只有经过多次实践（也就是"输出"）才会真正转化成自己知识体系的一部分。

2.2 基本选择器

jQuery 选择器的功能就是选中你想要的元素，然后对该元素进行操作。其中，选择器的语法格式如下。

```
$("选择器")
```

在这一节中，我们先介绍 jQuery 中的基本选择器。所谓基本选择器，指的是在实际开发中使用频率较高的一种选择器。基本选择器有以下 4 种。

- 元素选择器。
- id 选择器。
- class 选择器。
- 群组选择器。

2.2.1 元素选择器

元素选择器，用于选中相同的元素，然后对相同的元素进行操作。

▌ **语法**

```
$("元素名")
```

▌ **举例**

```
<!DOCTYPE html>
<html>
<head>
    <meta charset="utf-8" />
    <title></title>
    <script src="js/jquery-1.12.4.min.js"></script>
    <script>
        $(function () {
            $("div").css("color","red");
        })
    </script>
</head>
<body>
    <div>绿叶学习网</div>
    <p>绿叶学习网</p>
    <span>绿叶学习网</span>
    <div>绿叶学习网</div>
</body>
</html>
```

预览效果如图 2-1 所示。

图 2-1　元素选择器的效果

▌ 分析

```
$(function () {
    ……
})
```

上面代码功能和 window.onload=function(){……} 是相似的，也就是在文档加载完成后执行内部的代码。以后凡是用到 jQuery 代码，我们都需要在上面代码的内部编写。对于这个代码，我们在"6.2　页面事件"这一节中会详细介绍。这里建议小伙伴们先去看一下 6.2 节的内容，再回到这里继续学习。

在这个例子中，$("div") 使用的是元素选择器，表示选中所有的 div 元素。css("color", "red") 表示将元素的颜色定义为红色。对于 css() 这个方法，我们在"5.2　样式操作"这一节会详细介绍。此外，由于 css() 是"对象的一个方法"，因此我们使用 "."（点运算符）来调用，即 $("div").css()。

此外，我们可以发现 jQuery 选择器与 CSS 选择器几乎是完全一样的。事实上，我们只需要把 CSS 选择器的写法套入 $(" ") 中，就可以变成 jQuery 选择器，非常简单！

图 2-2　jQuery 选择器的"诞生"

没错，通过这么简单的一步操作，jQuery 选择器就"诞生"了。实际上，其他类型的 jQuery 选择器也可以这样得到。

2.2.2　id 选择器

id 选择器，用于选中某个 id 的元素，然后对该元素进行各种操作。

▌ 语法

```
$("#id名")
```

▌ 说明

id 名前面必须加上前缀井号（#），否则该选择器无法生效。在 id 名前面加上"#"，表示这是一个 id 选择器。

▌ 举例

```
<!DOCTYPE html>
<html>
<head>
    <meta charset="utf-8" />
    <title></title>
    <script src="js/jquery-1.12.4.min.js"></script>
    <script>
        $(function () {
            $("#lvye").css("color","red");
        })
    </script>
</head>
<body>
    <div>绿叶学习网</div>
    <div id="lvye">绿叶学习网</div>
    <div>绿叶学习网</div>
</body>
</html>
```

预览效果如图 2-3 所示。

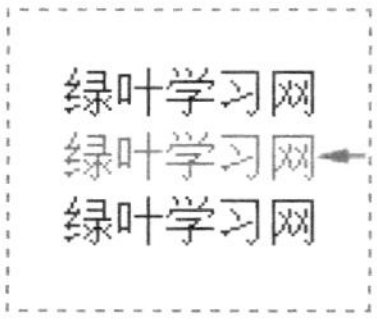

图 2-3 id 选择器的效果

▌ 分析

$("#lvye").css("color","red"); 表示选中 id="lvye" 的元素，然后定义其颜色为红色。

2.2.3 class 选择器

class 选择器，就是我们常说的"类选择器"。我们可以对"相同的元素"或者"不同的元素"定义一个相同的 class，然后针对这个 class 的元素进行各种操作。

▌ 语法

```
$(".类名")
```

▌ 说明

类名前面必须加上前缀英文句号（.），否则该选择器无法生效。类名前面加上英文句号（.），表示这是一个 class 选择器。

▌ 举例

```
<!DOCTYPE html>
<html>
<head>
    <meta charset="utf-8" />
    <title></title>
    <script src="js/jquery-1.12.4.min.js"></script>
    <script>
        $(function () {
            $(".lv").css("color","red");
        })
    </script>
</head>
<body>
    <div>绿叶学习网</div>
    <p class="lv">绿叶学习网</p>
    <span class="lv">绿叶学习网</span>
    <div>绿叶学习网</div>
</body>
</html>
```

预览效果如图 2-4 所示。

图 2-4　class 选择器的效果

▌ 分析

$(".lv").css("color", "red") 表示选中 class="lv" 的所有元素，然后定义这些元素的颜色为红色。

2.2.4　群组选择器

群组选择器，用于同时对几个选择器进行相同的操作。

▌ 语法

```
$("选择器1，选择器2，... ，选择器n")
```

▌ 说明

两个选择器之间必须用英文逗号（,）隔开，否则该选择器无法生效。

▌ 举例

```
<!DOCTYPE html>
<html>
<head>
    <meta charset="utf-8" />
    <title></title>
    <script src="js/jquery-1.12.4.min.js"></script>
    <script>
        $(function () {
            $("h3,div,p,span").css("color","red");
        })
    </script>
</head>
<body>
    <h3>绿叶学习网</h3>
    <div>绿叶学习网</div>
    <p>绿叶学习网</p>
    <span>绿叶学习网</span>
</body>
</html>
```

预览效果如图 2-5 所示。

图 2-5　群组选择器的效果

▌ 分析

$("h3,div,p,span").css("color","red") 表示选中所有的 h3、div、p 和 span，然后定义这些元素的字体颜色为红色。

```
$(function () {
    $("h3,div,p,span").css("color","red");
})
```

上面这段代码其实等价于：

```
$(function () {
    $("h3").css("color","red");
    $("div").css("color","red");
    $("p").css("color","red");
    $("span").css("color","red");
})
```

2.3 层次选择器

层次选择器,就是通过元素之间的层次关系来选择元素的一种基础选择器。层次选择器在实际开发中也是相当重要的。常见的层次关系包括:父子、后代、兄弟、相邻。

在 jQuery 中,层次选择器共有 4 种,如表 2-1 所示。

表 2-1 jQuery 层次选择器

选择器	说明
M N	后代选择器,选择 M 元素内部的后代 N 元素(所有 N 元素)
M>N	子代选择器,选择 M 元素内部的子代 N 元素(所有第 1 级 N 元素)
M~N	兄弟选择器,选择 M 元素后面所有的同级 N 元素
M+N	相邻选择器,选择 M 元素相邻的(下一个)元素(M、N 是同级元素)

此外,我们还需要注意以下 4 点。
- $("M N") 可以使用 $(M).find(N) 代替。
- $("M>N") 可以使用 $(M).children(N) 代替。
- $("M~N") 可以使用 $(M).nextAll(N) 代替。
- $("M+N") 可以使用 $(M).next(N) 代替。

对于 find()、children()、nextAll()、next() 这 4 种方法,我们在后面"第 10 章 查找方法"中会详细介绍,这里简单了解一下即可。

2.3.1 后代选择器

后代选择器,用于选择元素内部的所有某一种元素,包括子元素和其他后代元素。

▼ **语法**

```
$("M N")
```

▼ **说明**

"M 元素"和"N 元素"之间用空格隔开,表示选中 M 元素内部的后代 N 元素(即所有 N 元素)。

▼ **举例**

```
<!DOCTYPE html>
<html>
<head>
    <meta charset="utf-8" />
    <title></title>
    <script src="js/jquery-1.12.4.min.js"></script>
    <script>
        $(function () {
            $("#first p").css("color","red");
```

```
                })
            </script>
        </head>
        <body>
            <div id="first">
                <p>lvye的子元素</p>
                <p>lvye的子元素</p>
                <div id="second">
                    <p>lvye子元素的子元素</p>
                    <p>lvye子元素的子元素</p>
                </div>
                <p>lvye的子元素</p>
                <p>lvye的子元素</p>
            </div>
        </body>
    </html>
```

预览效果如图 2-6 所示。

图 2-6　后代选择器的效果

▌ 分析

$("#first p") 表示选取 id="first" 的元素内部的所有 p 元素。因此，不管是子元素，还是其他后代元素，全部都会被选中。

2.3.2　子代选择器

子代选择器，用于选中元素内部的某一种子元素。子代选择器与后代选择器虽然很相似，但是也有着明显的区别。

- 后代选择器，选取的是元素内部所有的元素（包括子元素、孙元素等）。
- 子代选择器，选取的是元素内部的某一种子元素（只限子元素）。

▌ 语法

```
$("M>N")
```

2.3 层次选择器

▌ 说明

"M 元素"和"N 元素"之间使用">"选择符，表示选中 M 元素内部的子元素 N。

▌ 举例

```
<!DOCTYPE html>
<html>
<head>
    <meta charset="utf-8" />
    <title></title>
    <script src="js/jquery-1.12.4.min.js"></script>
    <script>
        $(function () {
            $("#first>p").css("color","red");
        })
    </script>
</head>
<body>
    <div id="first">
        <p>lvye的子元素</p>
        <p>lvye的子元素</p>
        <div id="second">
            <p>lvye子元素的子元素</p>
            <p>lvye子元素的子元素</p>
        </div>
        <p>lvye的子元素</p>
        <p>lvye的子元素</p>
    </div>
</body>
</html>
```

预览效果如图 2-7 所示。

图 2-7　子代选择器的效果

▌ 分析

$("#first>p") 表示选中 id="first" 的元素下的子元素 p。我们将这个例子与后代选择器的例子对比一下，就可以很清楚地知道：**子代选择器只选取子元素，不包括其他后代元素。**

2.3.3 兄弟选择器

兄弟选择器，用于选中元素后面（不包括前面）的某一类兄弟元素。

▌ **语法**

```
$("M~N")
```

▌ **说明**

"M 元素"和"N 元素"之间使用"~"选择符，表示选中 M 元素后面所有的兄弟元素 N。

▌ **举例**

```html
<!DOCTYPE html>
<html>
<head>
    <meta charset="utf-8" />
    <title></title>
    <script src="js/jquery-1.12.4.min.js"></script>
    <script>
        $(function () {
            $("#second~p").css("color","red");
        })
    </script>
</head>
<body>
    <div id="first">
        <p>lvye的子元素</p>
        <p>lvye的子元素</p>
        <div id="second">
            <p>lvye子元素的子元素</p>
            <p>lvye子元素的子元素</p>
        </div>
        <p>lvye的子元素</p>
        <p>lvye的子元素</p>
    </div>
</body>
</html>
```

预览效果如图 2-8 所示。

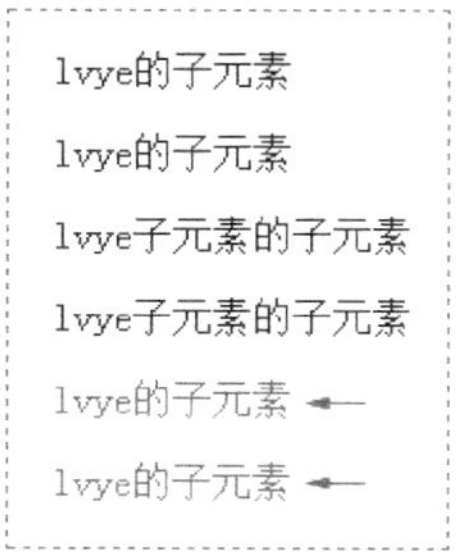

图 2-8　兄弟选择器的效果

▌分析

$("#second~p") 表示选取 id="second" 的元素**后面**所有的兄弟元素 p。记住，兄弟选择器只选取后面所有的兄弟元素，不包括前面的所有兄弟元素。

2.3.4 相邻选择器

相邻选择器，用于选中元素后面（不包括前面）的某一个"相邻"的兄弟元素。相邻选择器与兄弟选择器也非常相似，不过也有明显的区别。

- 兄弟选择器选取元素后面"**所有**"的某一类元素。
- 相邻选择器选取元素后面"**相邻**"的某一个元素。

▌语法

$("M+N")

▌说明

"M 元素"和"N 元素"之间使用"+"选择符，表示选中 M 元素后面的相邻的兄弟元素 N。

▌举例

```
<!DOCTYPE html>
<html>
<head>
    <meta charset="utf-8" />
    <title></title>
    <script src="js/jquery-1.12.4.min.js"></script>
    <script>
        $(function () {
            $("#second+p").css("color","red");
        })
    </script>
</head>
<body>
    <div id="first">
        <p>lvye的子元素</p>
        <p>lvye的子元素</p>
        <div id="second">
            <p>lvye子元素的子元素</p>
            <p>lvye子元素的子元素</p>
        </div>
        <p>lvye的子元素</p>
        <p>lvye的子元素</p>
    </div>
</body>
</html>
```

预览效果如图 2-9 所示。

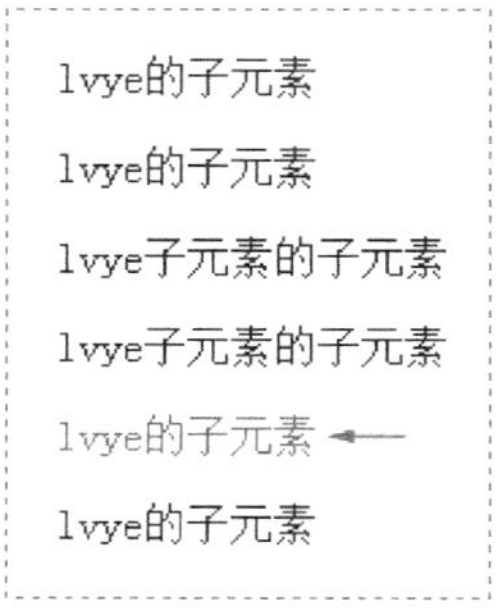

```
lvye的子元素
lvye的子元素
lvye子元素的子元素
lvye子元素的子元素
lvye的子元素  ←
lvye的子元素
```

图 2-9　相邻选择器的效果

▌ 分析

$("#second+p") 表示选取 id="second" 的元素后面的"相邻"的兄弟元素 p。

▌ 举例

```
<!DOCTYPE html>
<html>
<head>
    <meta charset="utf-8" />
    <title></title>
    <script src="js/jquery-1.12.4.min.js"></script>
    <script>
        $(function () {
            $("li+li").css("border-top", "2px solid red");
        })
    </script>
</head>
<body>
    <ul>
        <li>第1个元素</li>
        <li>第2个元素</li>
        <li>第3个元素</li>
        <li>第4个元素</li>
        <li>第5个元素</li>
    </ul>
</body>
</html>
```

预览效果如图 2-10 所示。

```
第1个元素
第2个元素
第3个元素
第4个元素
第5个元素
第6个元素
```

图 2-10　两两元素之间的效果

▶ **分析**

$("li+li") 使用的是相邻选择器,表示"选择 li 元素后面相邻的(下一个)li 元素"。由于最后一个 li 元素没有下一个 li 元素,所以对于最后一个 li 元素,它是没有下一个 li 元素可以选取的。$("li+li").css("border-top", "2px solid red") 可以实现在两两 li 元素之间添加一个边框的效果。

这是一个非常棒的技巧,在实际开发中如果我们想要在两两元素之间实现某种效果(border、margin 等),我们会经常用到这个技巧!大家一定要重点掌握。例如图 2-11 所示的底部信息栏就可以用这个技巧来实现,大家可以尝试去操作一下。

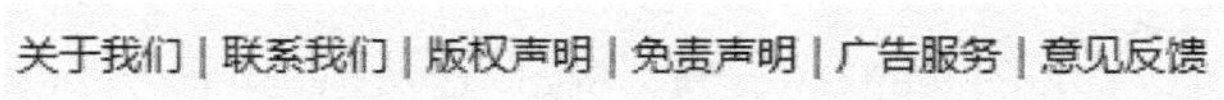

关于我们 | 联系我们 | 版权声明 | 免责声明 | 广告服务 | 意见反馈

图 2-11 底部信息栏

在这一节中,其实我们主要讲解的是两组选择器。
- 后代选择器和子代选择器。
- 兄弟选择器和相邻选择器。

这样划分就一目了然了。大家可以根据这个划分,深入对比,多次实践,这样才能加深理解和记忆。

2.4 属性选择器

属性选择器,指的是通过"元素的属性"来选择元素的一种基础选择器。例如下面这句代码中的 id、type、value 就是 input 元素的属性。

```
<input id="btn" type="button" value="按钮" />
```

在 jQuery 中,常见的属性选择器如表 2-2 所示。其中 E 指的是元素,attr 指的是属性,value 指的是属性值。

表 2-2 jQuery 属性选择器

选择器	说明
E[attr]	选择元素 E,其中 E 元素必须带有 attr 属性
E[attr = "value"]	选择元素 E,其中 E 元素的 attr 属性取值是"value"
E[attr!= "value"]	选择元素 E,其中 E 元素的 attr 属性取值不是"value"
E[attr ^= "value"]	选择元素 E,其中 E 元素的 attr 属性取值是以"value"**开头**的任何字符
E[attr $="value"]	选择元素 E,其中 E 元素的 attr 属性取值是以"value"**结尾**的任何字符
E[attr *= "value"]	选择元素 E,其中 E 元素的 attr 属性取值是**包含**"value"的任何字符
E[attr |= "value"]	选择元素 E,其中 E 元素的 attr 属性取值等于"value"或者以"value"开头
E[attr ~= "value"]	选择元素 E,其中 E 元素的 attr 属性取值等于"value"或者包含"value"

jQuery 的这些属性选择器使得选择器具有通配符的功能,有点正则表达式的感觉。下面我们通过一些简单的实例来认识一下。
- 选取含有 class 属性的 div 元素。

```
$("div[class]")
```

- 选取 type 取值为 checkbox 的 input 元素。

```
$("input[type = 'checkbox']")
```

- 选取 type 取值不是 checkbox 的 input 元素。

```
$("input[type != 'checkbox']")
```

- 选取 class 属性包含 nav 的 div 元素（class 属性可以包含多个值）。

```
$("div[class *= 'nav']")
```

- 选取 class 属性以 nav 开头的 div 元素，例如 <div class="nav-header"></div>。

```
$("div[class ^= 'nav']")
```

- 选取 class 属性以 nav 结尾的 div 元素，例如 <div class="first-nav"></div>。

```
$("div[class $= 'nav']")
```

- 选取带有 id 属性并且 class 属性是以 nav 开头的 div 元素，例如 <div id="container" class="nav-header"></div>。

```
$("div[id][class ^='nav']")
```

举例

```
<!DOCTYPE html>
<html>
<head>
    <meta charset="utf-8" />
    <title></title>
    <script src="js/jquery-1.12.4.min.js"></script>
    <script>
        $(function () {
            $("li[class]").css("color", "red");
        })
    </script>
</head>
<body>
    <ul>
        <li>HTML</li>
        <li class="select">CSS</li>
        <li>JavaScript</li>
        <li class="select">jQuery</li>
        <li>Vue.js</li>
    </ul>
</body>
</html>
```

预览效果如图 2-12 所示。

- HTML
- CSS ←
- JavaScript
- jQuery ←
- Vue.js

图 2-12　属性选择器的效果

▎ 分析

$("li[class]") 表示选取带有 class 属性的 li 元素。在实际开发中，属性选择器还是在表单操作中用得最多，在后续章节我们会慢慢接触。

2.5　本章练习

一、单选题

1. 下面有一段代码，则四个选项中只能获取第 2 个 div 元素的是（　　）。

```
<!DOCTYPE html>
<html>
<head>
    <meta charset="utf-8" />
    <title></title>
</head>
<body>
    <div id="first"></div>
    <div></div>
    <div></div>
</body>
</html>
```

　　A. $("#first div")　　　　　　　　B. $("#first>div")
　　C. $("#first~div")　　　　　　　　D. $("#first+div")

2. 下面有一段代码，如果想要为两个 li 元素之间添加一个 10px 的间距，正确的 jQuery 选择器写法应该是（　　）。

```
<!DOCTYPE html>
<html>
<head>
    <meta charset="utf-8" />
    <title></title>
</head>
<body>
    <ul>
        <li>第1个元素</li>
        <li>第2个元素</li>
        <li>第3个元素</li>
```

```
            <li>第4个元素</li>
            <li>第5个元素</li>
    </ul>
</body>
</html>
```

A. $("li+li").css("margin-top", "10px")

B. $("li+li").css("margin-top", "-10px")

C. $("li+li").css("margin-bottom", "10px")

D. $("li+li").css("margin-bottom", "-10px")

二、编程题

请写出下面对应的 jQuery 选择器，每一项对应一个。

（1）选取含有 href 属性的 a 元素。

（2）选取 type 取值为 radio 的 input 元素。

（3）选取 type 取值不是 checkbox 的 input 元素。

（4）选取 class 属性包含 nav 的 div 元素（class 属性可以包含多个值）。

（5）选取 class 属性以 article 开头的 div 元素，例如 <div class="article-title"></div>。

（6）选取 class 属性以 content 结尾的 div 元素，例如 <div class="article-content"></div>。

（7）选取带有 id 属性并且 class 属性是以 article 开头的 div 元素，例如 <div id="container" class="article-title"></div>。

第 3 章 伪类选择器

3.1 伪类选择器简介

一说起"伪类选择器",大家可能首先想到的是 :link、:visited、:hover、:active 这 4 个超链接伪类。没错,这 4 个就是最常见的伪类选择器。

伪类选择器,可以看成是一种特殊的选择器。伪类选择器都是以英文冒号(:)开头的。jQuery 参考 CSS 伪类选择器的形式,为我们提供了大量的伪类选择器,常用的包括以下 6 种。

- ▶ "位置"伪类选择器。
- ▶ "子元素"伪类选择器。
- ▶ "可见性"伪类选择器。
- ▶ "内容"伪类选择器。
- ▶ "表单"伪类选择器。
- ▶ "表单属性"伪类选择器。

jQuery 伪类选择器很多,我们不需要把所有的都记住。不过呢,还是那句话,至少要认真学习一遍。在实际开发中,忘了再回来翻看一下,多翻看几次就记住了。如果不认真学习,到时估计连去哪里翻看都不知道,这就很尴尬了。"书到用时方恨少"说的就是这个道理。

3.2 "位置"伪类选择器

"位置"伪类选择器,指的是根据页面中的位置来选取元素的一种伪类选择器。在 jQuery 中,常见的"位置"伪类选择器如表 3-1 所示。

表 3-1 "位置"伪类选择器

选择器	说明
:first	选取某种元素的第一个元素
:last	选取某种元素的最后一个元素
:odd	选取某种元素中序号为"奇数"的所有元素，序号从 0 开始
:even	选取某种元素中序号为"偶数"的所有元素，序号从 0 开始
:eq(n)	选取某种元素的第 n 个元素，n 是一个整数，从 0 开始
:lt(n)	选取某种元素中小于 n 的所有元素，n 是一个整数，从 0 开始
:gt(n)	选取某种元素中大于 n 的所有元素，n 是一个整数，从 0 开始

▌ 举例：:first、:last

```
<!DOCTYPE html>
<html>
<head>
    <meta charset="utf-8" />
    <title></title>
    <script src="js/jquery-1.12.4.min.js"></script>
    <script>
        $(function () {
            $("li:first,li:last").css("color", "red");
        })
    </script>
</head>
<body>
    <ul>
        <li>HTML</li>
        <li>CSS</li>
        <li>JavaScript</li>
        <li>jQuery</li>
        <li>Vue.js</li>
    </ul>
</body>
</html>
```

预览效果如图 3-1 所示。

图 3-1 :first 和 :last 选择器的效果

▌ 分析

$("li:first,li:last") 表示选择第一个 li 元素和最后一个 li 元素。

▌ 举例: :odd、:even

```
<!DOCTYPE html>
<html>
<head>
    <meta charset="utf-8" />
    <title></title>
    <script src="js/jquery-1.12.4.min.js"></script>
    <script>
        $(function () {
            $("li:odd").css("color", "red");
        })
    </script>
</head>
<body>
    <ul>
        <li>HTML</li>
        <li>CSS</li>
        <li>JavaScript</li>
        <li>jQuery</li>
        <li>Vue.js</li>
    </ul>
</body>
</html>
```

预览效果如图 3-2 所示。

图 3-2 :odd 选择器的效果

▌ 分析

$("li:odd") 表示选择序号为奇数的 li 元素。这里要注意的是，序号是从 0 开始，而不是从 1 开始的。也就是说"第 1 个选项"的 li 元素序号为 0，"第 2 个选项"的 li 元素序号为 1，依此类推。这个与数组下标是一样的道理。

▌ 举例: :eq(n)

```
<!DOCTYPE html>
<html>
<head>
    <meta charset="utf-8" />
    <title></title>
    <script src="js/jquery-1.12.4.min.js"></script>
    <script>
        $(function () {
```

```
            $("li:eq(3)").css("color", "red");
        })
    </script>
</head>
<body>
    <ul>
        <li>HTML</li>
        <li>CSS</li>
        <li>JavaScript</li>
        <li>jQuery</li>
        <li>Vue.js</li>
    </ul>
</body>
</html>
```

预览效果如图 3-3 所示。

图 3-3　:eq(n) 选择器的效果

分析

$("li:eq(3)") 表示选取序号为 3 的 li 元素，也就是第 4 个 li 元素，因为序号是从 0 开始的。

举例：:lt(n)、:gt(n)

```
<!DOCTYPE html>
<html>
<head>
    <meta charset="utf-8" />
    <title></title>
    <script src="js/jquery-1.12.4.min.js"></script>
    <script>
        $(function () {
            $("li:lt(3)").css("color", "red");
        })
    </script>
</head>
<body>
    <ul>
        <li>HTML</li>
        <li>CSS</li>
        <li>JavaScript</li>
        <li>jQuery</li>
        <li>Vue.js</li>
    </ul>
```

```
</body>
</html>
```

预览效果如图 3-4 所示。

图 3-4 :lt(n) 选择器的效果

▶ 分析

$("li:lt(3)") 表示选取序号小于 3 的所有 li 元素,序号是从 0 开始的。此外,lt 表示 less than,gt 表示 greater than,了解这两个方法的英文意思可以让我们更好地理解和记忆。

3.3 "子元素"伪类选择器

"子元素"伪类选择器,指的就是选择某一个元素下的子元素的一种伪类选择器。选取子元素,是 jQuery 最常用的操作之一。在 jQuery 中,"子元素"伪类选择器有以下两大类。

- ▶ :first-child、:last-child、:nth-child(n)、:only-child。
- ▶ :first-of-type、:last-of-type、:nth-of-type(n)、:only-of-type。

3.3.1 :first-child、:last-child、:nth-child(n)、:only-child

第 1 类"子元素"伪类选择器的相关说明如表 3-2 所示。

表 3-2 "子元素"伪类选择器(第 1 类)

选择器	说明
E:first-child	选择父元素下的第一个子元素(子元素类型为 E,以下类同)
E:last-child	选择父元素下的最后一个子元素
E:nth-child(n)	选择父元素下的第 n 个子元素或奇偶元素,n 取值有 3 种:数字、odd、even,n 从 1 开始
E:only-child	选择父元素下唯一的子元素,该父元素只有一个子元素

特别注意一点,:nth-child(n) 中的 n 是从 1 开始,而不是从 0 开始的。这是因为 jQuery 中的 :nth-child(n) 完全继承了 CSS 选择器的规范。

▶ 举例:每个列表项都有不同样式

```
<!DOCTYPE html>
<html>
<head>
    <meta charset="utf-8" />
    <title></title>
```

```
<style type="text/css">
    *{padding:0;margin:0;}
    ul{list-style-type:none;}
    li{height:20px;}
</style>
<script src="js/jquery-1.12.4.min.js"></script>
<script>
    $(function () {
        $("ul li:first-child").css("background-color", "red");
        $("ul li:nth-child(2)").css("background-color", "orange");
        $("ul li:nth-child(3)").css("background-color", "yellow");
        $("ul li:nth-child(4)").css("background-color", "green");
        $("ul li:last-child").css("background-color", "blue");
    })
</script>
</head>
<body>
    <ul>
        <li></li>
        <li></li>
        <li></li>
        <li></li>
        <li></li>
    </ul>
</body>
</html>
```

预览效果如图 3-5 所示。

图 3-5　每个列表项都有不同样式

▌ 分析

想要实现上面的效果，很多初学者首先想到的是为每一个 li 元素添加 id 或 class 来实现。但是这样会导致 id 和 class 泛滥，不利于后期维护。而使用"子元素"伪类选择器，可以使 HTML 结构更加清晰，并且使得结构与样式分离，更利于后期维护和搜索引擎优化（Search Engine Optimization，SEO）。

在这个例子中，$("ul li:first-child") 表示选择父元素（即 ul）下的第一个子元素，这句代码等价于 $("ul li:nth-child(1)")。$("ul li:last-child") 表示选择父元素（即 ul）下的最后一个子元素，这句代码等价于 $("ul li:nth-child(5)")。

在实际开发中，"子元素"伪类选择器特别适合操作列表的不同样式，比如绿叶学习网（本书配套网站）中就大量使用了"子元素"伪类选择器，如图3-6所示。

图3-6　绿叶学习网的列表项

▼ 举例：隔行换色

```
<!DOCTYPE html>
<html>
<head>
    <meta charset="utf-8" />
    <title></title>
    <style type="text/css">
        *{padding:0;margin:0;}
        ul{list-style-type:none;}
        li{height:20px;}
    </style>
    <script src="js/jquery-1.12.4.min.js"></script>
    <script>
        $(function () {
            //设置奇数列的背景颜色
            $("ul li:nth-child(odd)").css("background-color", "red");
            //设置偶数列的背景颜色
            $("ul li:nth-child(even)").css("background-color", "green");
        })
    </script>
</head>
<body>
    <ul>
        <li></li>
        <li></li>
        <li></li>
        <li></li>
        <li></li>
    </ul>
```

```
</body>
</html>
```

预览效果如图 3-7 所示。

图 3-7　隔行换色

分析

隔行换色效果很常见，例如表格隔行换色、列表隔行换色等，这些都是提升用户体验的非常好的设计细节。绿叶学习网中也用到了很多隔行换色效果，如图 3-8 所示。

图 3-8　绿叶学习网的隔行换色

3.3.2　:first-of-type、:last-of-type、:nth-of-type(n)、:only-of-type

:first-of-type、:last-of-type、:nth-of-type(n)、:only-of-type 和 :first-child、:last-child、:nth-child(n)、:only-child 这两类"子元素"伪类选择器看起来非常相似，但是两者其实有着本质的区别。第 2 类"子元素"伪类选择器的相关说明如表 3-3 所示。

表 3-3　"子元素"伪类选择器（第 2 类）

选择器	说明
E:first-of-type	选择父元素下的第一个 E 类型的子元素
E:last-of-type	选择父元素下的最后一个 E 类型的子元素
E:nth-of-type(n)	选择父元素下的第 n 个 E 类型的子元素或奇偶元素，n 取值有 3 种：数字、odd、even，n 从 1 开始
E:only-of-type	选择父元素下唯一的 E 类型的子元素，该父元素可以有多个子元素

对于上面的解释，大家可能觉得比较难理解，我们先来看一个简单的例子。

```
<div>
    <h1><h1>
    <p></p>
    <span></span>
    <span></span>
</div>
```

对于 :first-child 来说，我们可以得到以下结果。

- **h1:first-child**：选择的是 h1，因为父元素（即 div）下的第一个子元素就是 h1。
- **p:first-child**：选择不到任何元素，因为父元素（即 div）下的第一个子元素是 h1，不是 p。
- **span:first-child**：选择不到任何元素，因为父元素（即 div）下的第一个子元素是 h1，不是 span。

对于 :first-of-type 来说，我们可以得到以下结果。

- **h1:first-of-type**：选择的是 h1，因为 h1 是父元素下的 h1 类型的子元素，我们选择其中第一个（实际上也只有一个 h1）。
- **p:first-of-type**：选择的是 p，因为 p 是父元素下的 p 类型的子元素，我们选择其中第一个（实际上也只有一个 p）。
- **span:first-of-type**：选择的是第一个 span，因为 span 是父元素下的 span 类型的子元素，我们选择其中第一个。

从上面这个例子我们可以知道：**:first-child 在选择父元素下的子元素时，需要区分元素位置；:first-of-type 在选择父元素下的子元素时，不需要区分元素位置**。实际上，:last-child 和 :last-of-type、:nth-child(n) 和 :nth-of-type(n)、:only-child 和 :only-of-type 这三对的区别都是一样的，在此不再赘述。

此外有一点要向大家说明，很多初学的小伙伴很容易将这两类"子元素"伪类选择器搞混，不过不用担心，在实际开发中，我们一般只会用到第一类"子元素"伪类选择器。也就是说，我们认真把第一类"子元素"伪类选择器掌握好即可。

【解惑】

有些选择器的下标是从 0 开始的，如 :eq()、:lt() 等，而有些却是从 1 开始的，如 :nth-child()、:nth-of-type() 等。jQuery 有那么多的选择器和方法，我怎么区分得了哪些选择器下标是从 0 开始，哪些是从 1 开始的呢？

我们记住一句话就好了：在 jQuery 中，只有 :nth-child()、:nth-of-type() 这两个选择器的下标是从 1 开始的，其他所有的选择器和 jQuery 方法都是从 0 开始的。（非常重要的一句话。）

3.4 "可见性"伪类选择器

"可见性"伪类选择器，指的就是根据元素"可见"与"不可见"这两种状态来选取元素的一种伪类选择器。在 jQuery 中，"可见性"伪类选择器有两种，如表 3-4 所示。

表 3-4 "可见性"伪类选择器

选择器	说明
:visible	选取所有可见元素
:hidden	选取所有不可见元素

所谓的不可见元素，指的是定义了 display:none 的元素。

▼ 举例

```
<!DOCTYPE html>
<html>
<head>
    <meta charset="utf-8" />
    <title></title>
    <style type="text/css">
        .select{display:none;}
    </style>
    <script src="js/jquery-1.12.4.min.js"></script>
    <script>
        $(function () {
            $("#btn").click(function(){
                $("li:hidden").css("display","block");
            });
        })
    </script>
</head>
<body>
    <ul>
        <li>HTML</li>
        <li>CSS</li>
        <li>JavaScript</li>
        <li class="select">jQuery</li>
        <li>Vue.js</li>
    </ul>
    <input id="btn" type="button" value="显示">
</body>
</html>
```

默认情况下，预览效果如图 3-9 所示。我们点击【显示】按钮后，预览效果如图 3-10 所示。

图 3-9　默认效果　　　　　　　　　　图 3-10　点击按钮后的效果

▼ **分析**

$("li:hidden") 表示选取所有不可见的 li 元素。

```
$("#btn").click(function(){
    ……
});
```

上面这段代码表示鼠标单击事件，是 jQuery 的语法，等价于 JavaScript 的 obj.onclick = function(){}。我们在"6.3　鼠标事件"这一节中会详细介绍，这里简单了解一下即可。

3.5　"内容"伪类选择器

"内容"伪类选择器，指的是根据元素的内部文本或者子元素来选取元素的一种伪类选择器。在 jQuery 中，常用的"内容"伪类选择器如表 3-5 所示。

表 3-5　"内容"伪类选择器

选择器	说明
:contains(text)	选取包含指定文本的元素
:has(selector)	选取包含指定选择器的元素
:empty	选取不含有文本以及子元素的元素，即空元素
:parent	选取含有文本或者子元素的元素

▼ **举例**：:contains(text)

```html
<!DOCTYPE html>
<html>
<head>
    <meta charset="utf-8" />
    <title></title>
    <script src="js/jquery-1.12.4.min.js"></script>
    <script>
        $(function () {
            $("p:contains(jQuery)").css("color", "red");
        })
    </script>
</head>
<body>
    <div>jQuery实战开发</div>
    <p>write less do more</p>
    <p>从JavaScript到jQuery</p>
    <div>欢迎来到绿叶学习网</div>
</body>
</html>
```

预览效果如图 3-11 所示。

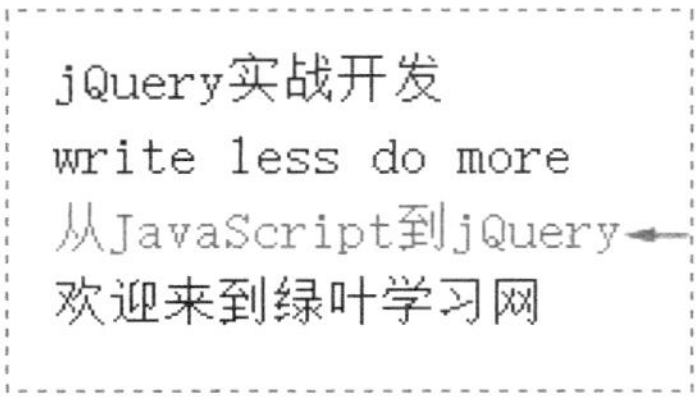

图 3-11 :contains(text) 选择器的效果

▌ 分析

$("p:contains(jQuery)") 表示选取文本内容包含"jQuery"的 p 元素（不包括 div 元素）。

▌ 举例：:has(selector)

```
<!DOCTYPE html>
<html>
<head>
    <meta charset="utf-8" />
    <title></title>
    <script src="js/jquery-1.12.4.min.js"></script>
    <script>
        $(function () {
            $("div:has(span)").css("background-color", "red");
        })
    </script>
</head>
<body>
    <div>
        <p>这是一个段落</p>
    </div>
    <div>
        <p>这是一个段落</p>
        <span>这是一个span</span>
    </div>
</body>
</html>
```

预览效果如图 3-12 所示。

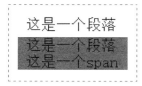

图 3-12 :has(selector) 选择器的效果

▌ 分析

$("div:has(span)") 表示选取内部含有 span 的 div 元素。

举例: :empty

```html
<!DOCTYPE html>
<html>
<head>
    <meta charset="utf-8" />
    <title></title>
    <style type="text/css">
        *{padding:0;margin:0;margin-top:5px;margin-left:100px;}
    </style>
    <style type="text/css">
        table,tr,td
        {
            border:1px solid silver;
        }
        td
        {
            width:60px;
            height:60px;
            line-height:60px;
            text-align:center;
        }
    </style>
    <script src="js/jquery-1.12.4.min.js"></script>
    <script>
        $(function () {
            $("td:empty").css("background-color", "red");
        })
    </script>
</head>
<body>
    <table>
        <tr>
            <td>2</td>
            <td>4</td>
            <td>8</td>
        </tr>
        <tr>
            <td>16</td>
            <td>32</td>
            <td>64</td>
        </tr>
        <tr>
            <td>128</td>
            <td>256</td>
            <td></td>
        </tr>
    </table>
</body>
</html>
```

预览效果如图 3-13 所示。

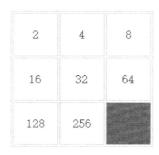

图 3-13 :empty 选择器的效果

▌ 分析

$("td:empty") 表示选取内部没有文本也没有子元素的 td 元素。

▌ 举例：:parent

```
<!DOCTYPE html>
<html>
<head>
    <meta charset="utf-8" />
    <title></title>
    <style type="text/css">
        *{padding:0;margin:0;margin-top:5px;margin-left:100px;}
    </style>
    <style type="text/css">
        table,tr,td
        {
            border:1px solid silver;
        }
        td
        {
            width:60px;
            height:60px;
            line-height:60px;
            text-align:center;
        }
    </style>
    <script src="js/jquery-1.12.4.min.js"></script>
    <script>
        $(function () {
            $("td:parent").css("background-color", "red");
        })
    </script>
</head>
<body>
    <table>
        <tr>
            <td>2</td>
            <td>4</td>
            <td>8</td>
```

```
                </tr>
                <tr>
                    <td>16</td>
                    <td>32</td>
                    <td>64</td>
                </tr>
                <tr>
                    <td>128</td>
                    <td>256</td>
                    <td></td>
                </tr>
            </table>
    </body>
</html>
```

预览效果如图 3-14 所示。

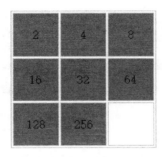

图 3-14 :parent 选择器的效果

▌ 分析

$("td:parent") 表示选取内部有文本或者子元素的 td 元素。注意，只要元素中有子元素或者文本内容，则该元素就会被选中。

3.6 "表单"伪类选择器

"表单"伪类选择器，指的是专门操作表单元素的一种伪类选择器。在 jQuery 中，常用的"表单"伪类选择器如表 3-6 所示。

表 3-6 "表单"伪类选择器

选择器	说明
:input	选取所有 input 元素
:button	选取所有普通按钮，即 <input type="button" />
:submit	选取所有提交按钮，即 <input type="submit" />
:reset	选取所有重置按钮，即 <input type="reset" />
:text	选取所有单行文本框
:textarea	选取所有多行文本框

续表

选择器	说明
:password	选取所有密码文本框
:radio	选取所有单选框
:checkbox	选取所有复选框
:image	选取所有图片域
:file	选取所有文件域

▼ 举例

```html
<!DOCTYPE html>
<html>
<head>
    <meta charset="utf-8" />
    <title></title>
    <script src="js/jquery-1.12.4.min.js"></script>
    <script>
        $(function () {
            $("input:checkbox").attr("checked", "checked");
        })
    </script>
</head>
<body>
    <p>性别:
        <label><input type="radio" name="gendar"/>男</label>
        <label><input type="radio" name="gendar"/>女</label>
    </p>
    <p>喜欢的水果:
        <label><input type="checkbox"/>苹果</label>
        <label><input type="checkbox"/>西瓜</label>
        <label><input type="checkbox"/>蜜桃</label>
    </p>
</body>
</html>
```

预览效果如图 3-15 所示。

图 3-15 :checkbox 选择器的效果

▼ 分析

$("input:checkbox") 表示选取所有的复选框，attr("checked", "checked") 表示设置复选框的属性值为 checked，也就是选中所有复选框。对于 attr() 方法，我们在"5.1 属性操作"一节中会给大家详细介绍，这里了解一下即可。

其他"表单"伪类选择器的用法和 :checkbox 的用法一样,这里就不赘述了,小伙伴们可以自行测试。

3.7 "表单属性"伪类选择器

"表单属性"伪类选择器,指的是根据表单元素的属性来选取的一种伪类选择器。在 jQuery 中,常见的"表单属性"伪类选择器如表 3-7 所示。

表 3-7 "表单属性"伪类选择器

选择器	说明
:checked	选取所有被选中的表单元素,一般是单选框或复选框
:selected	选取被选中的表单元素的选项,一般是下拉列表
:enabled	选取所有可用的表单元素
:disabled	选取所有不可用的表单元素
:read-only	选取所有只读的表单元素
:focus	选取所有获得焦点的表单元素

上表的这些"表单属性"伪类选择器,在实际开发中用得非常多,大家一定要重视。不过在这一节的学习中有个初步认识就可以了,至于在实际开发中怎么用,我们在后续章节会慢慢接触。

▌ 举例

```
<!DOCTYPE html>
<html>
<head>
    <meta charset="utf-8" />
    <title></title>
    <script src="js/jquery-1.12.4.min.js"></script>
    <script>
        $(function () {
            var result = $("input:checked").val();
            alert(result);          //弹出被选中文本框的值
        })
    </script>
</head>
<body>
    <p>喜欢的水果:
        <label><input type="checkbox" value="苹果"/>苹果</label>
        <label><input type="checkbox" value="西瓜" checked/>西瓜</label>
        <label><input type="checkbox" value="蜜桃"/>蜜桃</label>
    </p>
</body>
</html>
```

预览效果如图 3-16 所示。

图 3-16　:checked 选择器的效果

▼ 分析

$("input:checked") 表示选取"被选中"的单选框或复选框，实际上只有单选框和复选框才有 checked 这一个属性。val() 方法用于获取表单元素的 value 属性值，这个我们在"5.3　内容操作"这一节中会详细介绍。

其他"表单属性"伪类选择器的用法和 :checked 的用法一样，这里就不赘述了，小伙伴们可以自行测试。

3.8 其他伪类选择器

除了之前介绍的伪类选择器，jQuery 还为我们提供了其他用途的选择器，如表 3-8 所示。

表 3-8　其他伪类选择器

选择器	说明
:not(selector)	选取除了某个选择器之外的所有元素
:animated	选取所有正在执行动画的元素
:root	选取页面根元素，即 html 元素
:header	选取 h1~h6 的标题元素
:target	选取锚点元素
:lang(language)	选取特定语言的元素

在实际开发中，一般情况下只会用到 :not(selector)、:animated 这两个，其他几乎用不上或者可以被其他选择器替代，所以只需要了解即可。

这一节我们先来了解 :not(selector) 选择器。而对于 :animated 选择器，我们在"8.9　判断动画状态"这一节中再去学习。

▼ 举例：:not(selector)

```
<!DOCTYPE html>
<html>
<head>
    <meta charset="utf-8" />
    <title></title>
    <script src="js/jquery-1.12.4.min.js"></script>
    <script>
        $(function () {
            $("li:not(#select)").css("color", "red");
```

```
            })
        </script>
    </head>
    <body>
        <ul>
            <li>HTML</li>
            <li>CSS</li>
            <li>JavaScript</li>
            <li id="select">jQuery</li>
            <li>Vue.js</li>
        </ul>
    </body>
</html>
```

预览效果如图 3-17 所示。

图 3-17 :not(selector) 选择器的效果

分析

$("li:not(#select)") 表示选取除了 id="select" 之外的所有 li 元素。

3.9 本章练习

单选题

1. 下面有关"子元素"伪类选择器的说法中，正确的是（　　）。
   A. :nth-child(n) 和 :nth-of-type(n) 中的 n 都是从 0 开始的
   B. :nth-child(1) 可以等价于 :first-child
   C. :first-of-type 和 :first-child 是完全等价的
   D. :nth-child(n) 中的 n 只能是数字

2. 在 jQuery 中，可以使用（　　）来获取焦点的表单元素。
   A. $(":checked")   B. $(":blur")
   C. $(":focus")   D. $(":enabled")

3. 如果想要匹配包含某个文本的元素，应该使用（　　）选择器来实现。
   A. :text()   B. :contains()
   C. :read-only   D. :visible

4. 下面有一段代码，则四个选项中能够选中最后一个 p 元素的是（　　）。（选两项）

```
<!DOCTYPE html>
<html>
<head>
    <meta charset="utf-8" />
    <title></title>
</head>
<body>
    <div></div>
    <p></p>
    <p></p>
    <p></p>
    <div></div>
</body>
</html>
```

  A. $("p:last-child")　　　　　　B. $("p:nth-child(3)")
  C. $("p:last-of-type")　　　　　D. $("p:nth-of-type(3)")

第 4 章 DOM 基础

4.1 DOM 简介

4.1.1 DOM 对象

DOM，全称"Document Object Model（文档对象模型）"，它是由 W3C（World Wide Web Consortium，万维网联盟）定义的一个标准。

很多书一上来就大篇幅地介绍 DOM 的历史以及定义，小伙伴们看了半天也不知道 DOM 是什么。在这里，有关 DOM 的介绍就不展开了，避免初学者看得一头雾水。

在实际开发中，我们有时候需要实现鼠标指针移到某个元素上就改变颜色，或者动态添加元素、删除元素等效果。其实这些效果就是通过 DOM 提供的方法来实现的。

简单来说，DOM 里面有很多方法，我们通过它提供的方法来操作一个页面中的某个元素，例如改变这个元素的颜色、点击这个元素实现某些效果、直接把这个元素删除等。

一句话总结：**DOM 操作，可以简单理解成"元素操作"。**

4.1.2 DOM 结构

DOM 采用的是"树形结构"，用"树节点"的形式来表示页面中的每一个元素。我们先看下面的一个例子。

```
<html>
<head>
    <title><title>
    <meta charset="utf-8" />
</head>
<body>
```

```
    <h1>绿叶学习网</h1>
    <p>绿叶学习网是一个……</p>
    <p>绿叶学习网成立于……</p>
</body>
</html>
```

对于上面这个 HTML 文档，DOM 将其解析为图 4-1 所示的树形结构。

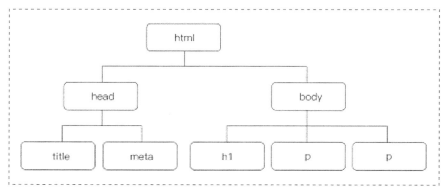

图 4-1　DOM 树

是不是很像一棵树呢？其实，它也叫"DOM 树"。在这棵树上，html 元素是树根，也叫根元素。

接下来深入一层，我们发现有 head 和 body 这两个分支，它们位于同一层次上，并且有着共同的父节点（即 html），所以它们是兄弟节点。

head 有两个子节点：title、meta（这两个是兄弟节点）。body 有 3 个子节点：h1、p、p。当然，如果还有下一层，我们还可以继续找下去。

根据这种简单的"**家谱关系**"，我们可以把各节点之间的关系清晰地表达出来。那么为什么要把一个 HTML 页面用树形结构表示呢？这是为了更好地给每一个元素进行定位，以便让我们找到想要的元素。

每一个元素就是一个节点，而每一个节点就是一个对象。也就是说，**我们在操作元素时，其实就是把这个元素看成一个对象，然后使用这个对象的属性和方法来进行相关操作。**（这句话对理解 DOM 操作很重要。）

在 jQuery 中，常见的 DOM 操作有以下 7 种。
- 创建元素。
- 插入节点。
- 删除元素。
- 复制元素。
- 替换元素。
- 包裹元素。
- 遍历元素。

DOM 操作是 jQuery 的核心内容之一，大家务必重点掌握。

4.2 创建元素

在 jQuery 中，我们可以采用字符串的形式来创建一个元素节点，再通过 append()、before() 等方法把这个字符串插入到现有的元素节点中。

▼ 语法

```
//方式1
var str = "字符串";
$().append(str);
//方式2
$().append("字符串")
```

▼ 说明

append() 方法表示把一个新元素插入到父元素内部的子元素的"末尾"，这个方法我们在"4.3 插入节点"中会详细介绍。

▼ 举例：创建简单元素

```
<!DOCTYPE html>
<html>
<head>
    <meta charset="utf-8" />
    <title></title>
    <script src="js/jquery-1.12.4.min.js"></script>
    <script>
        $(function () {
            $("#btn").click(function () {
                var $li = "<li>jQuery</li>";
                $("ul").append($li);
            })
        })
    </script>
</head>
<body>
    <ul>
        <li>HTML</li>
        <li>CSS</li>
        <li>JavaScript</li>
    </ul>
    <input id="btn" type="button" value="添加" />
</body>
</html>
```

默认情况下，预览效果如图 4-2 所示。我们点击【添加】按钮后，预览效果如图 4-3 所示。

图 4-2　默认效果 　　　　　图 4-3　点击按钮后的效果

▶ 分析

点击【添加】按钮，会往 ul 元素内部的子元素的"末尾"添加一个 li 元素。

```
var $li = "<li>jQuery</li>";
```

上面这一句代码表示创建一个字符串，然后将字符串赋值给变量 $li。其中 $li 只是一个变量名而已，当然你也可以命名为 a、str_li 等。不过，大家要注意一个变量的命名规范，凡是 jQuery 创建的节点字符串，我们命名的时候都习惯使用 "$" 开头，以便区别于其他的变量。

▶ 举例：创建复杂元素

```
<!DOCTYPE html>
<html>
<head>
    <meta charset="utf-8" />
    <title></title>
    <script src="js/jquery-1.12.4.min.js"></script>
    <script>
        $(function () {
            $("#btn").click(function () {
                var $li = "<li><a href='http://www.lvyestudy.com'>绿叶学习网</a></li>";
                $("ul").append($li);
            })
        })
    </script>
</head>
<body>
    <ul>
        <li><a href="http://www.ptpress.com.cn/">人邮官网</a></li>
        <li><a href="http://www.epubit.com/">异步社区</a></li>
    </ul>
    <input id="btn" type="button" value="添加" />
</body>
</html>
```

默认情况下，预览效果如图 4-4 所示。我们点击【添加】按钮后，此时预览效果如图 4-5 所示。

4.3 插入节点

图 4-4 默认效果　　　　　图 4-5 点击按钮后的效果

▌分析

接触过 JavaScript 的小伙伴都知道，JavaScript 创建元素节点的方式要比 jQuery 创建元素节点的方式复杂得多。对于 jQuery 来说，不管添加多么复杂的元素节点，使用字符串的形式都可以轻松实现。

小伙伴们可以思考一下："对于上面这个例子，如果使用 JavaScript 来实现，该怎么做呢？"然后我们可以对比一下 JavaScript 与 jQuery 的不同。

4.3 插入节点

在 JavaScript 中，插入节点只有 appendChild() 和 insertBefore() 两种方法。不过 jQuery 为我们提供了大量插入节点的方法，极大地方便了我们的操作。

在 jQuery 中，插入节点的方法有以下 4 组。

- prepend() 和 prependTo()。
- append() 和 appendTo()。
- before() 和 insertBefore()。
- after() 和 insertAfter()。

4.3.1 prepend() 和 prependTo()

1. prepend()

在 jQuery 中，我们可以使用 prepend() 方法向所选元素内部的"开始处"插入内容。

▌语法

```
$(A).prepend(B)
```

▌说明

$(A).prepend(B) 表示往 A 内部的开始处插入 B。

▌举例

```
<!DOCTYPE html>
<html>
<head>
```

```
            <meta charset="utf-8" />
            <title></title>
            <style type="text/css">
                p{background-color:orange;}
            </style>
            <script src="js/jquery-1.12.4.min.js"></script>
            <script>
                $(function () {
                    $("#btn").click(function () {
                        var $strong = "<strong>jQuery教程</strong>";
                        $("p").prepend($strong);
                    })
                })
            </script>
        </head>
        <body>
            <p>绿叶学习网</p>
            <input id="btn" type="button" value="插入"/>
        </body>
    </html>
```

默认情况下，预览效果如图 4-6 所示。我们点击【插入】按钮后，此时预览效果如图 4-7 所示。

图 4-6　默认效果　　　　　　　图 4-7　点击按钮后的效果

▌ 分析

在这个例子中，我们为 p 元素添加背景色，这样可以很直观地看出新节点是插入 p 元素的内部而不是外部。

我们点击【插入】按钮之后，此时得到的 HTML 结构如下。

`<p><strong>jQuery教程</strong>绿叶学习网</p>`

2. prependTo()

在 jQuery 中，prependTo() 和 prepend() 这两个方法功能虽然相似，都是向所选元素内部的"开始处"插入内容，但是两者的操作对象是颠倒的。

▌ 语法

`$(A).prependTo(B)`

▌ 说明

$(A).prependTo(B) 表示将 A 插入到 B 内部的开始处。

▌ 举例

```
<!DOCTYPE html>
<html>
<head>
    <meta charset="utf-8" />
    <title></title>
    <style type="text/css">
        p{background-color:orange;}
    </style>
    <script src="js/jquery-1.12.4.min.js"></script>
    <script>
        $(function () {
            $("#btn").click(function () {
                var $strong = "<strong>jQuery教程</strong>";
                $($strong).prependTo("p");
            })
        })
    </script>
</head>
<body>
    <p>绿叶学习网</p>
    <input id="btn" type="button" value="插入"/>
</body>
</html>
```

默认情况下，预览效果如图 4-8 所示。我们点击【插入】按钮后，此时预览效果如图 4-9 所示。

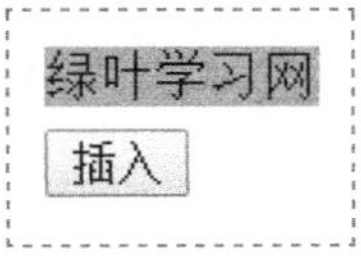

图 4-8　默认效果

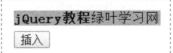

图 4-9　点击按钮后的效果

▌ 分析

在下面代码中，这两种插入节点的方式是等价的。

```
//方式1
var $strong = "<strong>jQuery入门教程</strong>";
$("p").prepend($strong);
//方式2
var $strong = "<strong>jQuery入门教程</strong>";
$($strong).prependTo("p");
```

prepend() 和 prependTo() 功能相似，操作却相反，不少新手很容易搞混。不过我们仔细琢磨一下"to"的英文含义，就很容易区分了。prepend() 表示往元素插入内容，而 prependTo() 表示将内容插入到"(to)"元素中去。

4.3.2 append() 和 appendTo()

1. append()

在 jQuery 中，我们可以使用 append() 方法向所选元素内部的"末尾处"插入内容。

▌ 语法

```
$(A).append(B)
```

▌ 说明

$(A).append(B) 表示往 A 内部的末尾处插入 B。

▌ 举例

```
<!DOCTYPE html>
<html>
<head>
    <meta charset="utf-8" />
    <title></title>
    <style type="text/css">
        p{background-color:orange;}
    </style>
    <script src="js/jquery-1.12.4.min.js"></script>
    <script>
        $(function () {
            $("#btn").click(function () {
                var $strong = "<strong>jQuery教程</strong>";
                $("p").append($strong);
            })
        })
    </script>
</head>
<body>
    <p>绿叶学习网</p>
    <input id="btn" type="button" value="插入"/>
</body>
</html>
```

默认情况下，预览效果如图 4-10 所示。我们点击【插入】按钮后，此时预览效果如图 4-11 所示。

图 4-10　默认效果

图 4-11　点击按钮后的效果

▌ 分析

我们点击【插入】按钮后，此时得到的 HTML 结构如下。

```
<p>绿叶学习网<strong>jQuery教程</strong></p>
```

2. appendTo()

在 jQuery 中，appendTo() 和 append() 这两个方法功能虽然相似，都是向所选元素内部的"末尾处"插入内容，但是两者的操作对象是颠倒的。

▌ 语法

```
$(A).appendTo(B)
```

▌ 说明

$(A).appendTo(B) 表示将 A 插入到 B 内部的末尾处。

▌ 举例

```html
<!DOCTYPE html>
<html>
<head>
    <meta charset="utf-8" />
    <title></title>
    <style type="text/css">
        p{background-color:orange;}
    </style>
    <script src="js/jquery-1.12.4.min.js"></script>
    <script>
        $(function () {
            $("#btn").click(function () {
                var $strong = "<strong>jQuery教程</strong>";
                $($strong).appendTo("p");
            })
        })
    </script>
</head>
<body>
    <p>绿叶学习网</p>
    <input id="btn" type="button" value="插入"/>
</body>
</html>
```

默认情况下，预览效果如图 4-12 所示。我们点击【插入】按钮后，此时预览效果如图 4-13 所示。

图 4-12　默认效果

图 4-13　点击按钮后的效果

▌ 分析

在下面代码中，这两种插入节点的方式是等价的。

```
//方式1
var $strong = "<strong>jQuery入门教程</strong>";
$("p").append($strong);
//方式2
var $strong = "<strong>jQuery入门教程</strong>";
$($strong).appendTo("p");
```

4.3.3　before() 和 insertBefore()

1. before()

在 jQuery 中，我们可以使用 before() 方法向所选元素外部的"前面"插入内容。

▼ 语法

$(A).before(B)

▼ 说明

$(A).before(B) 表示往 A 外部的前面插入 B。

▼ 举例

```
<!DOCTYPE html>
<html>
<head>
    <meta charset="utf-8" />
    <title></title>
    <style type="text/css">
        p{background-color:orange;}
    </style>
    <script src="js/jquery-1.12.4.min.js"></script>
    <script>
        $(function () {
            $("#btn").click(function () {
                var $strong = "<strong>jQuery教程</strong>";
                $("p").before($strong);
            })
        })
    </script>
</head>
<body>
    <p>绿叶学习网</p>
    <input id="btn" type="button" value="插入"/>
</body>
</html>
```

默认情况下，预览效果如图 4-14 所示。我们点击【插入】按钮后，此时预览效果如图 4-15 所示。

　　图 4-14　默认效果　　　　图 4-15　点击按钮后的效果

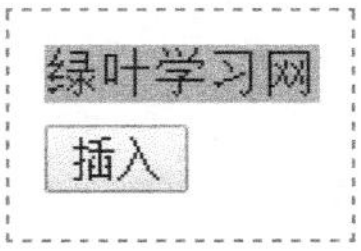

▌ 分析

我们点击【插入】按钮之后，此时得到的 HTML 结构如下。

`<strong>jQuery教程</strong><p>绿叶学习网</p>`

2. insertBefore()

在 jQuery 中，insertBefore() 和 before() 这两个方法功能虽然相似，都是向所选元素外部的"前面"插入内容，但是两者的操作对象是颠倒的。

▌ 语法

`$(A).insertBefore(B)`

▌ 说明

$(A).insertBefore(B) 表示将 A 插入到 B 外部的前面。

▌ 举例

```
<!DOCTYPE html>
<html>
<head>
    <meta charset="utf-8" />
    <title></title>
    <style type="text/css">
        p{background-color:orange;}
    </style>
    <script src="js/jquery-1.12.4.min.js"></script>
    <script>
        $(function () {
            $("#btn").click(function () {
                var $strong = "<strong>jQuery教程</strong>";
                $($strong).insertBefore("p");
            })
        })
    </script>
</head>
<body>
    <p>绿叶学习网</p>
    <input id="btn" type="button" value="插入"/>
</body>
</html>
```

默认情况下，预览效果如图 4-16 所示。我们点击【插入】按钮后，此时预览效果如图 4-17

所示。

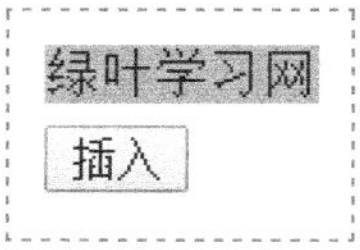

图 4-16　默认效果　　　　图 4-17　点击按钮后的效果

▶ 分析

在下面代码中，这两种插入节点的方式是等价的。

```
//方式1
var $strong = "<strong>jQuery入门教程</strong>";
$("p").before($strong);
//方式2
var $strong = "<strong>jQuery入门教程</strong>";
$($strong).insertBefore("p");
```

4.3.4　after() 和 insertAfter()

1. after()

在 jQuery 中，我们可以使用 after() 方法向所选元素外部的"后面"插入内容。

▶ 语法

```
$(A).after(B)
```

▶ 说明

$(A).after(B) 表示往 A 外部的后面插入 B。

▶ 举例

```
<!DOCTYPE html>
<html>
<head>
    <meta charset="utf-8" />
    <title></title>
    <style type="text/css">
        p{background-color:orange;}
    </style>
    <script src="js/jquery-1.12.4.min.js"></script>
    <script>
        $(function () {
            $("#btn").click(function () {
                var $strong = "<strong>jQuery教程</strong>";
                $("p").after($strong);
            })
```

```
            })
        </script>
    </head>
    <body>
        <p>绿叶学习网</p>
        <input id="btn" type="button" value="插入"/>
    </body>
</html>
```

默认情况下，预览效果如图 4-18 所示。我们点击【插入】按钮后，此时预览效果如图 4-19 所示。

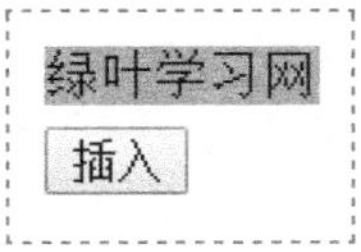

图 4-18　默认效果

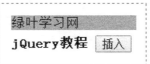

图 4-19　点击按钮后的效果

▼ 分析

我们点击【插入】按钮之后，此时得到的 HTML 结构如下。

```
<p>绿叶学习网</p><strong>jQuery教程</strong>
```

2. insertAfter()

在 jQuery 中，insertAfter() 和 after() 这两个方法功能虽然相似，都是向所选元素外部的"后面"插入内容，但是两者的操作对象是颠倒的。

▼ 语法

```
$(A).insertAfter(B)
```

▼ 说明

$(A).insertAfter(B) 表示将 A 插入到 B 外部的后面。

▼ 举例

```
<!DOCTYPE html>
<html>
<head>
    <meta charset="utf-8" />
    <title></title>
    <style type="text/css">
        p{background-color:orange;}
    </style>
    <script src="js/jquery-1.12.4.min.js"></script>
    <script>
        $(function () {
            $("#btn").click(function () {
                var $strong = "<strong>jQuery教程</strong>";
                $($strong).insertAfter("p");
```

```
            })
        })
    </script>
</head>
<body>
    <p>绿叶学习网</p>
    <input id="btn" type="button" value="插入"/>
</body>
</html>
```

默认情况下，预览效果如图 4-20 所示。我们点击【插入】按钮后，此时预览效果如图 4-21 所示。

 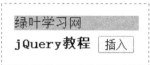

图 4-20　默认效果　　　　　图 4-21　点击按钮后的效果

分析

在下面代码中，这两种插入节点的方式是等价的。

```
//方式1
var $strong = "<strong>jQuery入门教程</strong>";
$("p").after($strong);
//方式2
var $strong = "<strong>jQuery入门教程</strong>";
$($strong).insertAfter("p");
```

最后，我们总结一下 jQuery 中用于插入节点的方法，共有以下 4 组。

- prepend() 和 prependTo()。
- append() 和 appendTo()。
- before() 和 insertBefore()。
- after() 和 insertAfter()。

对于这 4 组方法，我们可以这样划分：第 1 组和第 2 组是"内部插入节点"方法，第 3 组和第 4 组是"外部插入节点"方法。上面每一组中，两种方法都是等价的。因此为了减轻记忆负担，我们只需要记住以下任何一类就可以了。

- 第 1 类: prepend()、append()、before()、after()。
- 第 2 类: prependTo()、appendTo()、insertBefore()、insertAfter()。

建议大家记忆上面的第二类，原因是第二类的语义很直接，都是把内容插入到"(to)"元素中去。

4.4　删除元素

在 jQuery 中，想要删除元素，我们有以下 3 种方法。

- remove()。

- detach()。
- empty()。

4.4.1 remove()

在 jQuery 中，我们可以使用 remove() 方法来将某个元素及其内部的所有内容删除。

▌语法

```
$().remove()
```

▌举例：remove() 方法的使用

```html
<!DOCTYPE html>
<html>
<head>
    <meta charset="utf-8" />
    <title></title>
    <script src="js/jquery-1.12.4.min.js"></script>
    <script>
        $(function () {
            $("#btn").click(function () {
                $("li:nth-child(4)").remove();
            })
        })
    </script>
</head>
<body>
    <ul>
        <li>HTML</li>
        <li>CSS</li>
        <li>JavaScript</li>
        <li>jQuery</li>
        <li>Vue.js</li>
    </ul>
    <input id="btn" type="button" value="删除" />
</body>
</html>
```

默认情况下，预览效果如图 4-22 所示。我们点击【删除】按钮后，此时预览效果如图 4-23 所示。

图 4-22 默认效果

图 4-23 点击按钮后的效果

▼ 分析

$("li:nth-child(4)").remove() 表示删除 ul 元素下的第 4 个 li 元素。记住，在 jQuery 中，除了 :nth-child() 和 :nth-of-type() 这两个选择器的下标是从 1 开始的，其他所有选择器或 jQuery 方法的下标都是从 0 开始的。

▼ 举例：remove() 方法会返回一个值

```
<!DOCTYPE html>
<html>
<head>
    <meta charset="utf-8" />
    <title></title>
    <script src="js/jquery-1.12.4.min.js"></script>
    <script>
        $(function () {
            $("#btn").click(function () {
                //remove()可以将所选元素删除，并且返回被删除的元素
                var $li = $("li:nth-child(4)").remove();
                $($li).appendTo("ul");
            })
        })
    </script>
</head>
<body>
    <ul>
        <li>HTML</li>
        <li>CSS</li>
        <li>JavaScript</li>
        <li>jQuery</li>
        <li>Vue.js</li>
    </ul>
    <input id="btn" type="button" value="删除" />
</body>
</html>
```

默认情况下，预览效果如图 4-24 所示。我们点击【删除】按钮后，此时预览效果如图 4-25 所示。

图 4-24　默认效果

图 4-25　点击按钮后的效果

分析

我们要清楚一点，remove() 方法可以返回一个值，其中返回值为被删除的元素。也就是说，虽然这个元素被删除了，但是我们可以把返回值赋值给一个变量，再次使用被删除的元素。

在这个例子中，我们使用 remove() 方法删除 <li>jQuery</li> 这个元素。接下来我们将被删除的元素赋值给变量 $li，然后就可以使用 appendTo() 方法将其添加到 ul 元素内部的末尾处。

实际上，利用 remove() 方法会返回一个值的特点，我们可以轻松实现两个元素的互换，请看下面的例子。

举例：互换元素

```html
<!DOCTYPE html>
<html>
<head>
    <meta charset="utf-8" />
    <title></title>
    <style type="text/css">
        ul li:nth-child(2), ul li:nth-child(4)
        {
            background-color:Orange;
        }
    </style>
    <script src="js/jquery-1.12.4.min.js"></script>
    <script>
        $(function () {
            $("#btn").click(function () {
                //将内容为"CSS"这一个li元素删除，并赋值给$li1
                var $li1 = $("li:nth-child(2)").remove();
                //将内容为"jQuery"这一个li元素删除，并赋值给$li2
                var $li2 = $("li:nth-child(3)").remove();

                $($li1).insertAfter("ul li:nth-child(2)");
                $($li2).insertBefore("ul li:nth-child(2)");
            })
        })
    </script>
</head>
<body>
    <ul>
        <li>HTML</li>
        <li>CSS</li>
        <li>JavaScript</li>
        <li>jQuery</li>
        <li>Vue.js</li>
    </ul>
    <input id="btn" type="button" value="互换" />
</body>
</html>
```

默认情况下，预览效果如图 4-26 所示。我们点击【互换】按钮后，此时预览效果如图 4-27

所示。

图 4-26　默认效果

图 4-27　点击按钮后的效果

▌ 分析

在这个例子中，我们实现了内容为"CSS"和"jQuery"这两个 li 元素的互换。技巧就是借助了内容为"JavaScript"的这个 li 元素作为参照物。虽然代码看起来很简单，不过要注意的地方并不少，小伙伴们最好亲自实践一下。

4.4.2　detach()

在 jQuery 中，detach() 和 remove() 的功能虽然相似，都是将某个元素及其内部所有内容删除，但是两者也有明显的区别。

- remove() 方法用于"彻底"删除元素。所谓的"彻底"，指的是不仅会删除元素，还会把元素绑定的事件删除。
- detach() 方法用于"半彻底"删除元素。所谓的"半彻底"，指的是只会删除元素，不会把元素绑定的事件删除。

▌ 语法

```
$().detach()
```

▌ 举例

```html
<!DOCTYPE html>
<html>
<head>
    <meta charset="utf-8" />
    <title></title>
    <script src="js/jquery-1.12.4.min.js"></script>
    <script>
        $(function () {
            $("li").click(function () {
                alert("欢迎来到绿叶学习网！")
            });
            $("#btn").click(function () {
                var $li = $("li:nth-child(4)").remove();
                $($li).appendTo("ul");
            });
```

```
        })
    </script>
</head>
<body>
    <ul>
        <li>HTML</li>
        <li>CSS</li>
        <li>JavaScript</li>
        <li>jQuery</li>
        <li>Vue.js</li>
    </ul>
    <input id="btn" type="button" value="删除" />
</body>
</html>
```

默认情况下，预览效果如图 4-28 所示。我们点击【删除】按钮后，此时浏览器预览效果如图 4-29 所示。

图 4-28　默认效果　　　　　　图 4-29　点击按钮后的效果

▼ 分析

在这个例子中，我们为每一个 li 元素添加一个点击事件，点击任何一个 li 元素都会弹出一个对话框。在我们点击【删除】按钮后，<li>jQuery</li> 这一项就会被添加到 ul 元素内部的末尾处。但是这个时候，如果再去点击 <li>jQuery</li> 这一项，会发现之前绑定的点击事件被删除了，并不会弹出对话框。

当我们把 remove() 替换成 detach() 后，可以发现 li 元素被删除后又重新被添加使用时，该元素之前绑定的点击事件依然存在。

对于 remove() 和 detach() 这两个方法，可以总结为这一点：**元素被删除后又重新被添加，如果不希望该元素保留原来绑定的事件，应该用 remove() 方法；如果希望该元素保留原来绑定的事件，应该使用 detach() 方法**。

4.4.3　empty()

在 jQuery 中，我们可以使用 empty() 方法来"清空"某个后代元素。

▼ 语法

```
$().empty()
```

▌ 举例

```html
<!DOCTYPE html>
<html>
<head>
    <meta charset="utf-8" />
    <title></title>
    <script src="js/jquery-1.12.4.min.js"></script>
    <script>
        $(function () {
            $("#btn").click(function () {
                $("ul li:nth-child(4)").empty();
            });
        })
    </script>
</head>
<body>
    <ul>
        <li>HTML</li>
        <li>CSS</li>
        <li>JavaScript</li>
        <li>jQuery</li>
        <li>Vue.js</li>
    </ul>
    <input id="btn" type="button" value="删除" />
</body>
</html>
```

默认情况下，预览效果如图 4-30 所示。我们点击【删除】按钮后，此时预览效果如图 4-31 所示。

图 4-30　默认效果　　　　图 4-31　点击按钮后的效果

▌ 分析

remove() 和 detach() 这两个方法在删除元素时，会将自身元素以及所有后代元素一并删除。empty() 方法仅仅是删除后代元素，并不会删除自身元素。

4.5　复制元素

在 jQuery 中，我们可以使用 clone() 方法来复制某一个元素。

语法

```
$().clone(bool)
```

说明

参数 bool 是一个布尔值,取值为 true 或 false,默认值为 false。
- true:表示不仅复制元素,还会复制元素所绑定的事件。
- false:表示仅仅复制元素,但不会复制元素所绑定的事件。

举例

```
<!DOCTYPE html>
<html>
<head>
    <meta charset="utf-8" />
    <title></title>
    <script src="js/jquery-1.12.4.min.js"></script>
    <script>
        $(function () {
            $("li").click(function () {
                alert("欢迎来到绿叶学习网!");
            });
            $("#btn").click(function () {
                var $li = $("ul li:nth-child(4)").clone(true);
                $($li).appendTo("ul");
            });
        })
    </script>
</head>
<body>
    <ul>
        <li>HTML</li>
        <li>CSS</li>
        <li>JavaScript</li>
        <li>jQuery</li>
        <li>Vue.js</li>
    </ul>
    <input id="btn" type="button" value="复制" />
</body>
</html>
```

默认情况下,预览效果如图 4-32 所示。我们点击【复制】按钮后,此时浏览器预览效果如图 4-33 所示。

图 4-32 默认效果

图 4-33 点击按钮后的效果

分析

在这个例子中，我们为所有 li 元素绑定了一个 click 事件。$("ul li:nth-child(4)").clone(true) 表示复制第 4 个 li 元素，并且同时复制 li 元素所绑定的事件。

4.6 替换元素

在 jQuery 中，如果想要替换元素，我们有以下两种方法来实现。

- replaceWith()。
- replaceAll()。

4.6.1 replaceWith()

在 jQuery 中，我们可以使用 replaceWith() 方法来将所选元素替换成其他元素。

语法

```
$(A).replaceWith(B)
```

说明

$(A).replaceWith(B) 表示用 B 来替换 A。

举例

```
<!DOCTYPE html>
<html>
<head>
    <meta charset="utf-8" />
    <title></title>
    <script src="js/jquery-1.12.4.min.js"></script>
    <script>
        $(function () {
            $("#btn").click(function () {
                $("strong").replaceWith('<a href="http://www.lvyestudy.com" target="_blank">绿叶学习网</a>');
            });
        })
    </script>
</head>
<body>
    <strong>jQuery教程</strong><br/>
    <input id="btn" type="button" value="替换" />
</body>
</html>
```

默认情况下，预览效果如图 4-34 所示。我们点击【替换】按钮后，此时预览效果如图 4-35 所示。

图 4-34　默认效果 　　　　　图 4-35　点击按钮后的效果

4.6.2　replaceAll()

在 jQuery 中，replaceAll() 和 replaceWith() 这两个方法功能虽然相似，都是将某个元素替换成其他元素，但是两者的操作对象是颠倒的。

▼ **语法**

$(A).replaceAll(B)

▼ **说明**

$(A).replaceAll(B) 表示用 A 来替换 B。对于 replaceAll() 和 replaceWith() 这两个方法，我们可以根据英文意思来帮助理解和记忆。

▼ **举例**

```
<!DOCTYPE html>
<html>
<head>
    <meta charset="utf-8" />
    <title></title>
    <script src="js/jquery-1.12.4.min.js"></script>
    <script>
        $(function () {
            $("#btn").click(function () {
                $('<a href="http://www.lvyestudy.com" target="_blank">绿叶学习网</a>').replaceAll("strong");
            });
        })
    </script>
</head>
<body>
    <strong>jQuery教程</strong><br/>
    <input id="btn" type="button" value="替换" />
</body>
</html>
```

默认情况下，预览效果如图 4-36 所示。我们点击【替换】按钮后，此时预览效果如图 4-37 所示。

图 4-36　默认效果 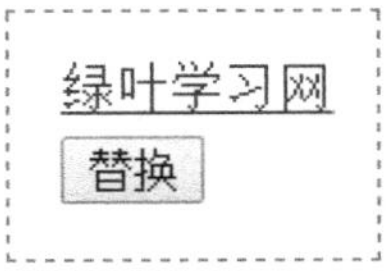　　　　　图 4-37　点击按钮后的效果

▌ 分析

在下面的代码中，这两种插入节点的方式是等价的。

```
//方式1
$("strong").replaceWith('<a href="http://www.lvyestudy.com" target="_blank">绿叶学习网</a>');
//方式2
$('<a href="http://www.lvyestudy.com" target="_blank">绿叶学习网</a>').replaceAll("strong");
```

此外，对于 replaceAll() 和 replaceWith() 这两个方法，我们只需要掌握其中一种即可。

4.7 包裹元素

在 jQuery 中，如果想要将某个元素用其他元素包裹起来，我们有以下 3 种方法来实现。
- wrap()。
- wrapAll()。
- wrapInner()。

4.7.1 wrap()

在 jQuery 中，我们可以使用 wrap() 方法将所选元素用其他元素包裹起来。

▌ 语法

```
$(A).wrap(B)
```

▌ 说明

$(A).wrap(B) 表示将 A 元素用 B 元素包裹起来。

▌ 举例

```html
<!DOCTYPE html>
<html>
<head>
    <meta charset="utf-8" />
    <title></title>
    <script src="js/jquery-1.12.4.min.js"></script>
    <script>
        $(function () {
            $("#btn").click(function () {
                $("p").wrap('<div style="background-color:orange;"></div>');
            });
        })
    </script>
</head>
<body>
    <p>绿叶学习网</p>
    <p>绿叶学习网</p>
    <p>绿叶学习网</p>
```

```
        <input id="btn" type="button" value="包裹" />
</body>
</html>
```

默认情况下,预览效果如图 4-38 所示。我们点击【包裹】按钮后,预览效果如图 4-39 所示。

图 4-38　默认效果 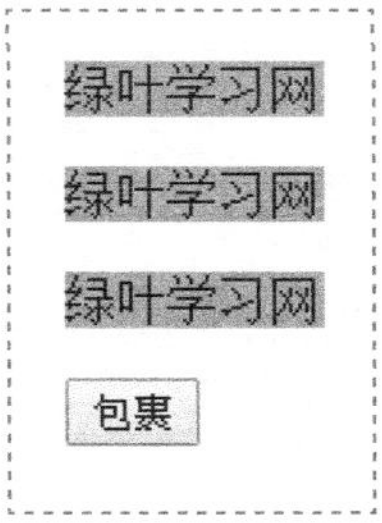　　　　　　　图 4-39　点击按钮后的效果

4.7.2　wrapAll()

我们都知道,replaceWith() 和 replaceAll() 这两个方法的功能是相同的,只不过操作对象是颠倒的而已。但是这里大家要注意啦:wrap() 和 wrapAll() 这两个方法的功能是不相同的。

在 jQuery 中,wrap() 方法是将所有元素"单独"包裹,而 wrapAll() 方法是将所匹配的元素"一起"包裹。

```
<p>绿叶学习网</p>
<p>绿叶学习网</p>
<p>绿叶学习网</p>
```

对于上面这段代码,如果使用 $("p").wrap("<div></div>"),则会得到以下结果。

```
<div><p>绿叶学习网</p><div>
<div><p>绿叶学习网</p><div>
<div><p>绿叶学习网</p><div>
```

如果使用 $("p").wrapAll("<div></div>"),则会得到以下结果。

```
<div>
    <p>绿叶学习网</p>
    <p>绿叶学习网</p>
    <p>绿叶学习网</p>
</div>
```

▌ 举例

```
<!DOCTYPE html>
<html>
<head>
    <meta charset="utf-8" />
    <title></title>
    <script src="js/jquery-1.12.4.min.js"></script>
    <script>
```

```
        $(function () {
            $("#btn").click(function () {
                $("p").wrapAll('<div style="background-color:orange;"></div>');
            });
        })
    </script>
</head>
<body>
    <p>绿叶学习网</p>
    <p>绿叶学习网</p>
    <p>绿叶学习网</p>
    <input id="btn" type="button" value="包裹" />
</body>
</html>
```

默认情况下，预览效果如图 4-40 所示。我们点击【包裹】按钮后，此时预览效果如图 4-41 所示。

图 4-40　默认效果　　　　图 4-41　点击按钮后的效果

4.7.3　wrapInner()

在 jQuery 中，我们可以使用 wrapInner() 方法将所选元素的"**内部所有元素以及文本**"用其他元素包裹起来。

▼ 语法

$(A).wrapInner(B)

▼ 说明

$(A).wrapInner(B) 表示将 A 元素的"内部所有元素以及文本"用 B 元素包裹起来。注意，wrapInner() 方法不会包裹 A 元素本身。

▼ 举例

```
<!DOCTYPE html>
<html>
<head>
    <meta charset="utf-8" />
    <title></title>
    <script src="js/jquery-1.12.4.min.js"></script>
```

```
<script>
    $(function () {
        $("#btn").click(function () {
            $("p").wrapInner("<strong></strong>");
        });
    })
</script>
</head>
<body>
    <p>绿叶学习网</p>
    <p>绿叶学习网</p>
    <p>绿叶学习网</p>
    <input id="btn" type="button" value="包裹" />
</body>
</html>
```

默认情况下，预览效果如图 4-42 所示。我们点击【包裹】按钮后，预览效果如图 4-43 所示。

图 4-42　默认效果　　　　图 4-43　点击按钮后的效果

▌ 分析

我们点击【包裹】按钮后，此时得到的 HTML 结构如下。

```
<p><strong>绿叶学习网</strong></p>
<p><strong>绿叶学习网</strong></p>
<p><strong>绿叶学习网</strong></p>
```

4.8　遍历元素

在操作 DOM 时，很多时候我们需要对"同一类型"的所有元素进行相同的操作。如果通过 JavaScript 来实现，我们往往都是先获取元素的长度，然后使用循环方法来访问每一个元素，代码量比较大。

在 jQuery 中，我们可以使用 each() 方法轻松实现元素的遍历操作。

▌ 语法

```
$().each(function(index, element){
    ……
})
```

▌ 说明

each() 方法接收一个匿名函数作为参数,该函数有两个参数:index、element。

index 是一个可选参数,它表示元素的索引号(即下标)。通过形参 index 以及配合 this 关键字,我们就可以轻松操作每一个元素。此外注意一点,形参 index 是从 0 开始的。

element 是一个可选参数,它表示当前元素,可以使用 $(this) 来代替。也就是说,$(element) 等价于 $(this)。

如果需要退出 each 循环,可以在回调函数中返回 false,也就是 return false 即可。

上面语法是固定形式,如果小伙伴们的 JavaScript 基础实在太差,没法理解,在实际开发中直接搬过去用就可以了。

▌ 举例

```
<!DOCTYPE html>
<html>
<head>
    <meta charset="utf-8" />
    <title></title>
    <script src="js/jquery-1.12.4.min.js"></script>
    <script>
        $(function () {
            $("#btn").click(function () {
                $("li").each(function (index, element) {
                    var txt = "第" + (index + 1) + "个li元素";
                    $(element).text(txt);
                });
            });
        })
    </script>
</head>
<body>
    <ul>
        <li></li>
        <li></li>
        <li></li>
        <li></li>
        <li></li>
    </ul>
    <input id="btn" type="button" value="添加内容" />
</body>
</html>
```

默认情况下,预览效果如图 4-44 所示。我们点击【添加内容】按钮后,此时预览效果如图 4-45 所示。

图 4-44　默认效果　　　　图 4-45　点击按钮后的效果

▶ **分析**

each() 方法的参数是一个匿名函数：function(index, element){}。没错，函数实际上也可以当作参数。对于这种形式，很多初学者一开始没法理解，不过等到慢慢深入原生 JavaScript 之后就能理解了，这里暂时只需要"套用"即可。

```
$("li").each(function (index, element) {
    var txt = "第" + (index + 1) + "个li元素";
    $(element).text(txt);
});
```

实际上，上面代码可以等价于：

```
$("li").each(function (index) {
    var txt = "第" + (index + 1) + "个li元素";
    $(this).text(txt);
});
```

也就是说，对于 each() 方法中的回调函数，如果你想省略第二个参数，可以在内部使用 $(this) 来代替。对于这两种等价代码，我们在实际开发中经常会碰到，大家一定要记住。

此外，上述代码中出现的 text() 方法用于设置元素中的文本内容，我们在"5.3　内容操作"这一节会详细介绍。

▶ **举例：为每个 li 元素添加内容**

```
<!DOCTYPE html>
<html>
<head>
    <meta charset="utf-8" />
    <title></title>
    <script src="js/jquery-1.12.4.min.js"></script>
    <script>
        $(function () {
            //定义数组
            var arr = ["HTML", "CSS", "JavaScript", "jQuery", "Vue.js"];

            $("#btn").click(function () {
                //将数组元素一一赋值给对应索引号的li元素
                $("li").each(function (index) {
                    var txt = arr[index];
                    $(this).text(txt);
                });
```

```
                });
            })
        </script>
    </head>
    <body>
        <ul>
            <li></li>
            <li></li>
            <li></li>
            <li></li>
            <li></li>
        </ul>
        <input id="btn" type="button" value="添加内容" />
    </body>
</html>
```

默认情况下，预览效果如图 4-46 所示。我们点击【添加内容】按钮后，此时预览效果如图 4-47 所示。

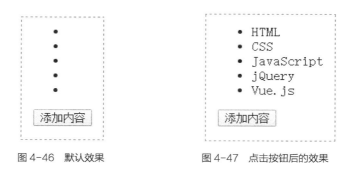

图 4-46　默认效果　　　　　图 4-47　点击按钮后的效果

▼ 举例：为每个 li 元素设置不同的背景颜色

```
<!DOCTYPE html>
<html>
<head>
    <meta charset="utf-8">
    <title></title>
    <script src="js/jquery-1.12.4.min.js" ></script>
    <script>
        $(function(){
            //定义颜色数组
            var colors=["red","orange","yellow","green","blue"];

            //为元素添加背景颜色
            $("#btn").click(function(){
                $("li").each(function(index){
                    $(this).css("background-color",colors[index]);
                });
            });
        })
    </script>
```

```
</head>
<body>
    <ul>
        <li>1</li>
        <li>2</li>
        <li>3</li>
        <li>4</li>
        <li>5</li>
    </ul>
    <input id="btn" type="button" value="添加背景" />
</body>
</html>
```

默认情况下，预览效果如图 4-48 所示。我们点击【添加背景】按钮后，此时预览效果如图 4-49 所示。

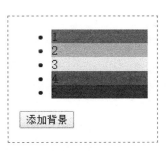

图 4-48　默认效果　　　　　图 4-49　点击按钮后的效果

4.9　本章练习

一、单选题

1. 在 jQuery 中，我们可以使用（　　）方法把一个新元素插入到父元素内部的子元素的末尾。
   A. prependTo()　　　　　　　　B. appendTo()
   C. insertBefore()　　　　　　　D. insertAfter()

2. $(A).prepend(B) 这一句代码表示（　　）。
   A. 把 A 插入到 B 内部的开始
   B. 把 A 插入到 B 内部的末尾
   C. 把 B 插入到 A 内部的开始
   D. 把 B 插入到 A 内部的末尾

3. 下面有关 DOM 操作的说法中，正确的是（　　）。
   A. remove() 方法删除元素时，不会把元素绑定的事件也删除
   B. remove() 方法删除元素时，不会删除内部的文本
   C. prepend() 和 prependTo() 的功能是一样的
   D. wrap() 和 warpAll() 的功能是一样的

二、编程题

下面有一段代码,请实现以下功能:将 ["red", "orange", "yellow", "green", "blue"] 这一个数组中的元素依次插入到每一个 li 元素中去。

```html
<!DOCTYPE html>
<html>
<head>
    <meta charset="utf-8" />
    <title></title>
</head>
<body>
    <ul>
        <li></li>
        <li></li>
        <li></li>
        <li></li>
        <li></li>
    </ul>
</body>
</html>
```

第 5 章 DOM 进阶

5.1 属性操作

属性操作，指的是使用 jQuery 来操作一个元素的 HTML 属性。注意，这里说的属性操作，指的是 HTML 属性，而不是 CSS 属性。像下面有一个 input 元素的属性操作，指的就是操作它的 id、type、value 等，其他元素也类似。

```
<input id="btn" type="button" value="提交"/>
```

在 jQuery 中，对于 HTML 属性的操作共有以下 4 种。
- 获取属性。
- 设置属性。
- 删除属性。
- prop() 方法。

5.1.1 获取属性

在 jQuery 中，我们可以使用 attr() 方法来获取某一个元素的 HTML 属性值。

▌ 语法

```
$().attr("属性名")
```

▌ 说明

获取某个元素的 HTML 属性值，一般都是通过属性名来找到该属性对应的值。

▌ 举例

```
<!DOCTYPE html>
<html>
```

```html
<head>
    <meta charset="utf-8" />
    <title></title>
    <script src="js/jquery-1.12.4.min.js"></script>
    <script>
        $(function () {
            $("#btn_src").click(function () {
                alert($("img").attr("src"));
            });
            $("#btn_alt").click(function () {
                alert($("img").attr("alt"));
            });
        })
    </script>
</head>
<body>
    <img src="img/jquery.png" alt="jquery标志"/><br />
    <input id="btn_src" type="button" value="获取src属性值"/>
    <input id="btn_alt" type="button" value="获取alt属性值"/>
</body>
</html>
```

预览效果如图 5-1 所示。

图 5-1 获取属性的效果

▼ 分析

在这个例子中，我们使用 attr() 方法来获取 img 元素的 src 和 alt 两个属性的取值。

5.1.2 设置属性

在 jQuery 中，设置某一个元素的 HTML 属性值，我们用的也是 attr() 方法。

▼ 语法

```
//设置一个属性
$().attr("属性", "取值")
```

```
//设置多个属性
$().attr({"属性1": "取值1", "属性2":"取值2", …, "属性n":"取值n"})
```

▌ 说明

对于设置属性，jQuery 有两种语法形式：一种是"设置一个属性"，另一种是"设置多个属性"。

对于设置多个属性的语法，我们传入 attr() 方法的是一个包含"键值对"的对象。使用这种语法可以轻松地扩展，以便一次性修改多个属性。

▌ 举例：设置一个属性

```
<!DOCTYPE html>
<html>
<head>
    <meta charset="utf-8" />
    <title></title>
    <script src="js/jquery-1.12.4.min.js"></script>
    <script>
        $(function () {
            var flag = true;
            $("#btn").click(function(){
                if(flag){
                    $("#pic").attr("src", "img/2.png");
                    flag = false;
                }else{
                    $("#pic").attr("src", "img/1.png");
                    flag = true;
                }
            });
        })
    </script>
</head>
<body>
    <input id="btn" type="button" value="修改" /><br/>
    <img id="pic" src="img/1.png" />
</body>
</html>
```

默认情况下，预览效果如图 5-2 所示。我们点击【修改】按钮后，预览效果如图 5-3 所示。

图 5-2　默认效果　　　　　　　　　　　图 5-3　点击按钮后的效果

分析

这里使用一个布尔变量 flag 来标识两种状态，使两张图片可以来回切换。

举例：设置多个属性

```html
<!DOCTYPE html>
<html>
<head>
    <meta charset="utf-8" />
    <title></title>
    <script src="js/jquery-1.12.4.min.js"></script>
    <script>
        $(function () {
            var flag=true;
            $("#btn").click(function () {
                if (flag) {
                    $("#pic").attr({"src":"img/2.png","alt":"漩涡香燐","title":"漩涡香燐"});
                    flag=alse;
                }else{
                    $("#pic").attr({"src":"img/1.png","alt":"日向雏田","title":"日向雏田"});
                    flag=true;
                }
            });
        })
    </script>
</head>
<body>
    <input id="btn" type="button" value="修改" /><br/>
    <img id="pic" src="img/1.png" alt="日向雏田" title="日向雏田"/>
</body>
</html>
```

默认情况下，预览效果如图 5-4 所示。我们点击【修改】按钮后，预览效果如图 5-5 所示。

图 5-4　默认效果

图 5-5　点击按钮后的效果

5.1.3 删除属性

在 jQuery 中，我们可以使用 removeAttr() 方法来删除元素的某个属性。

▍ 语法

```
$().removeAttr("属性名")
```

▍ 举例

```
<!DOCTYPE html>
<html>
<head>
    <meta charset="utf-8" />
    <title></title>
    <style>
        .content{color:red;font-weight:bold;}
    </style>
    <script src="js/jquery-1.12.4.min.js"></script>
    <script>
        $(function () {
            $("p").click(function(){
                $(this).removeAttr("class");
            });
        })
    </script>
</head>
<body>
    <p class="content">绿叶学习网</p>
</body>
</html>
```

预览效果如图 5-6 所示。

绿叶学习网

图 5-6　删除属性的效果

▍ 分析

这里我们为 p 元素添加一个点击事件。在点击事件中，我们使用 removeAttr() 方法来删除 class 属性，删除类名之后，该元素就没有那个类名所对应的样式了。

removeAttr() 方法更多情况下是结合 class 属性来"整体"控制元素的样式属性的，我们再来看一个例子。

▍ 举例

```
<!DOCTYPE html>
<html>
```

```html
<head>
    <meta charset="utf-8" />
    <title></title>
    <style>
        .content{color:red;font-weight:bold;}
    </style>
    <script src="js/jquery-1.12.4.min.js"></script>
    <script>
        $(function () {
            $("#btn_add").click(function(){
                $("p").attr("class", "content");
            });
            $("#btn_remove").click(function () {
                $("p").removeAttr("class");
            });
        })
    </script>
</head>
<body>
    <p>绿叶学习网</p>
    <input id="btn_add" type="button" value="添加样式" />
    <input id="btn_remove" type="button" value="删除样式" />
</body>
</html>
```

预览效果如图 5-7 所示。

图 5-7　removeAttr() 结合 class 属性的效果

▼ 分析

想要为一个元素添加一个 class（即使不存在 class 属性），可以使用：

`$().attr("class", "类名");`

想要为一个元素删除一个 class，可以使用：

`$().removeAttr("类名");`

5.1.4　prop() 方法

prop() 方法和 attr() 方法相似，都是用来获取或设置元素的 HTML 属性的，不过两者也有着本质上的区别。

jQuery 官方建议：具有 true 和 false 这两种取值的属性，如 checked、selected 和 disabled 等，建议使用 prop() 方法来操作，而其他的属性都建议使用 attr() 方法来操作。

举例

```
<!DOCTYPE html>
<html>
<head>
    <meta charset="utf-8" />
    <title></title>
    <script src="js/jquery-1.12.4.min.js"></script>
    <script>
        $(function () {
            $('input[type="radio"]').change(function(){
                var bool = $(this).attr("checked");
                if(bool){
                    $("p").text("你选择的是: " + $(this).val());
                }
            })
        })
    </script>
</head>
<body>
    <div>
        <label><input type="radio" name="fruit" value="苹果" />苹果</label>
        <label><input type="radio" name="fruit" value="香蕉" />香蕉</label>
        <label><input type="radio" name="fruit" value="西瓜" />西瓜</label>
    </div>
    <p></p>
</body>
</html>
```

预览效果如图 5-8 所示。

图 5-8　attr() 方法的效果

分析

```
$().change(function(){
    ......
})
```

上面表示的是 jQuery 中的 change 事件，与 JavaScript 的 onchange 事件是一样的，我们在后面 "6.5　表单事件" 这一节中会详细介绍。

在这个例子中，我们其实是想通过 $(this).attr("checked") 判断单选框是否被选中，如果被选中，就获取该单选框的 value 值。可是运行代码后发现：完全没有效果！这是为什么呢？

实际上，对于表单元素的 checked、selected、disabled 这些属性，我们使用 attr() 方法是没法获取的，而必须使用 prop() 方法来获取。因此，我们把 attr() 方法替换成 prop() 方法就有效果了。

其实，prop() 方法的出现就是为了弥补 attr() 方法在表单属性操作中的不足。记住一句话：**如果某个属性没法使用 attr() 方法来获取或设置，改换 prop() 方法就可以实现。**

5.2 样式操作

样式操作，指的是使用 jQuery 来操作一个元素的 CSS 属性。在 jQuery 中，对于样式操作共有以下 3 种。
- ▶ CSS 属性操作。
- ▶ CSS 类名操作。
- ▶ 个别样式操作。

5.2.1 CSS 属性操作

在 jQuery 中，CSS 属性的操作有两种情况：一种是"获取属性"，另一种是"设置属性"。

1. 获取属性

在 jQuery 中，我们可以使用 css() 方法来获取某一个元素的 CSS 属性的取值。

▌ 语法

```
$().css("属性名")
```

▌ 举例

```
<!DOCTYPE html>
<html>
<head>
    <meta charset="utf-8" />
    <title></title>
    <style>
        p{font-weight:bold;}
    </style>
    <script src="js/jquery-1.12.4.min.js"></script>
    <script>
        $(function () {
            $("#btn").click(function(){
                var result = $("p").css("font-weight");
                alert("font-weight取值为：" + result);
            });
        })
    </script>
</head>
<body>
    <p>绿叶学习网</p>
    <input id="btn" type="button" value="获取" />
</body>
</html>
```

预览效果如图 5-9 所示。

图 5-9　默认效果

▌ 分析

$("p").css("font-weight") 表示获取 p 元素的 font-weight 属性值。我们点击【获取】按钮后，浏览器会弹出对话框，如图 5-10 所示。

图 5-10　对话框

2．设置属性

在 jQuery 中，设置某一个元素的 CSS 属性的值，我们用的也是 css() 方法。不过对于 css() 方法，我们需要分两种情况来考虑：一种是"设置一个属性"，另一种是"设置多个属性"。

▌ 语法

```
//设置一个属性
$().css("属性", "取值")

//设置多个属性
$().css({"属性1":"取值1", "属性2":"取值2", ..., "属性n":"取值n"})
```

▌ 说明

当我们想要设置多个 CSS 属性时，使用的是对象的形式。其中属性与取值采用的是"键值对"方式，每个"键值对"之间用英文逗号隔开。

▌ 举例：设置一个属性

```
<!DOCTYPE html>
<html>
<head>
    <meta charset="utf-8" />
    <title></title>
    <script src="js/jquery-1.12.4.min.js"></script>
    <script>
        $(function () {
            $("#btn").click(function(){
```

```
                $("li:nth-child(odd)").css("color","red");
            });
        })
    </script>
</head>
<body>
    <ul>
        <li>HTML</li>
        <li>CSS</li>
        <li>JavaScript</li>
        <li>jQuery</li>
        <li>Vue.js</li>
    </ul>
    <input id="btn" type="button" value="设置" />
</body>
</html>
```

默认情况下，预览效果如图 5-11 所示。我们点击【设置】按钮后，预览效果如图 5-12 所示。

图 5-11 默认效果　　　　　　图 5-12 点击按钮后效果

分析

$("li:nth-child(odd)").css("color","red") 这句代码使用了"子元素"伪类选择器，表示选取 ul 元素下所有序号为"奇数"（序号从 1 开始）li 元素，然后设置 color 属性值为 red。

实际上，下面两句代码是等价的。

```
$().css("color","red")
$().css({"color": "red"})
```

举例：设置多个 CSS 属性

```
<!DOCTYPE html>
<html>
<head>
    <meta charset="utf-8" />
    <title></title>
    <script src="js/jquery-1.12.4.min.js"></script>
    <script>
        $(function () {
            $("#btn").click(function(){
                $("li:nth-child(odd)").css({"color":"red", "background-color":"silver", "font-weight":"bold"});
```

```
                });
            })
        </script>
    </head>
    <body>
        <ul>
            <li>HTML</li>
            <li>CSS</li>
            <li>JavaScript</li>
            <li>jQuery</li>
            <li>Vue.js</li>
        </ul>
        <input id="btn" type="button" value="设置" />
    </body>
</html>
```

默认情况下，预览效果如图 5-13 所示。我们点击【设置】按钮后，预览效果如图 5-14 所示。

图 5-13　默认效果　　　　图 5-14　点击按钮后效果

▌ 分析

`$()css({"color":"red", "background-color":"silver", "font-weight":"bold"});`

上面这句代码其实可以等价于：

```
$().css("color", "red");
$().css("background-color", "silver");
$().css("font-weight", "bold");
```

5.2.2　CSS 类名操作

类名操作，指的是为元素添加一个 class 或删除一个 class，从而整体控制元素的样式。在 jQuery 中，CSS 类名操作共有以下 3 种。

- 添加 class。
- 删除 class。
- 切换 class。

1.　添加 class

在 jQuery 中，我们可以使用 addClass() 方法为元素添加一个 class。

语法

$().addClass("类名")

举例

```html
<!DOCTYPE html>
<html>
<head>
    <meta charset="utf-8" />
    <title></title>
    <style type="text/css">
        .select
        {
            color:red;
            background-color:#F1F1F1;
            font-weight:bold;
        }
    </style>
    <script src="js/jquery-1.12.4.min.js"></script>
    <script>
        $(function () {
            $("#btn").click(function(){
                $("li:nth-child(odd)").addClass("select");
            });
        })
    </script>
</head>
<body>
    <ul>
        <li>HTML</li>
        <li>CSS</li>
        <li>JavaScript</li>
        <li>jQuery</li>
        <li>Vue.js</li>
    </ul>
    <input id="btn" type="button" value="添加" />
</body>
</html>
```

默认情况下，预览效果如图 5-15 所示。我们点击【添加】按钮后，预览效果如图 5-16 所示。

图 5-15　默认效果

图 5-16　点击按钮后的效果

▌分析

这个例子与"设置多个 CSS 属性"的例子效果是一样的,但是这种方式相对来说可读性更好,并且更加方便。

2. 删除 class

在 jQuery 中,我们可以使用 removeClass() 方法来为元素删除一个 class。

▌语法

```
$().removeClass("类名")
```

▌举例

```html
<!DOCTYPE html>
<html>
<head>
    <meta charset="utf-8" />
    <title></title>
    <style type="text/css">
        .select
        {
            color:red;
            background-color:silver;
            font-weight:bold;
        }
    </style>
    <script src="js/jquery-1.12.4.min.js"></script>
    <script>
        $(function () {
            $("#btn_add").click(function(){
                $("li:nth-child(odd)").addClass("select");
            });
            $("#btn_remove").click(function () {
                $("li:nth-child(odd)").removeClass("select");
            });
        })
    </script>
</head>
<body>
    <ul>
        <li>HTML</li>
        <li>CSS</li>
        <li>JavaScript</li>
        <li>jQuery</li>
        <li>Vue.js</li>
    </ul>
    <input id="btn_add" type="button" value="添加" />
    <input id="btn_remove" type="button" value="删除" />
</body>
</html>
```

预览效果如图 5-17 所示。

图 5-17　删除 class 的效果

▌分析

在这个例子中,我们使用 addClass() 方法为元素添加类名,使用 removeClass() 方法为元素删除类名。使用"添加类名"以及"删除类名"的方式,可以很方便地调整元素的样式。

3. 切换 class

在 jQuery 中,我们可以使用 toggleClass() 方法为元素切换类名。toggle,其实就是"切换"的意思,在后续章节中我们会大量接触这个单词,例如 toggle()、slideToggle() 等,小伙伴要留意和对比一下。

▌语法

```
$().toggleClass("类名")
```

▌说明

toggleClass() 方法用于检查元素是否有某个 class。如果 class 不存在,则为元素添加该 class;如果 class 已经存在,则为元素删除该 class。

▌举例

```
<!DOCTYPE html>
<html>
<head>
    <meta charset="utf-8" />
    <title></title>
    <style type="text/css">
        .select
        {
            color:red;
            background-color:silver;
            font-weight:bold;
        }
    </style>
    <script src="js/jquery-1.12.4.min.js"></script>
    <script>
        $(function () {
            $("#btn").click(function(){
                $("li:nth-child(odd)").toggleClass("select");
            });
```

```
        })
    </script>
</head>
<body>
    <ul>
        <li>HTML</li>
        <li>CSS</li>
        <li>JavaScript</li>
        <li>jQuery</li>
        <li>Vue.js</li>
    </ul>
    <input id="btn" type="button" value="切换" />
</body>
</html>
```

预览效果如图 5-18 所示。

图 5-18 切换 class 的效果

▼ 分析

在这个例子中，我们使用 toggleClass() 方法来切换元素的 class，使得元素可以在"默认样式"以及"class 样式"之间来回切换。

从这一节的学习中我们知道，使用 jQuery 来操作 CSS 类名这种方式是非常有用的。当 CSS 代码比较多时，我们可以将其放到一个 class 中，这样每次只需要对类名进行操作即可。这种方式相对于 css() 方法来说，代码更加清晰，可读性和可维护性都比较高。

最后总结一下：使用 jQuery 操作元素的样式时，如果样式比较少，建议使用"属性操作"，也就是 css() 方法；如果样式比较多，建议使用"类名操作"，也就是 addClass()、removeClass()、toggleClass() 等方法。

5.2.3 个别样式操作

在 jQuery 中，对于个别样式的操作，共有以下 3 种。
▶ 元素的宽高。
▶ 元素的位置。
▶ 滚动条的距离。

1. 元素的宽度和高度

在 jQuery 中，如果想要获取和设置一个元素的宽度和高度，我们可以使用 css() 方法来实现。

不过，为了更加灵活地操作元素的宽度和高度，jQuery 另外为我们提供了更多、更强大的方法。

在 jQuery 中，如果我们想要"获取"和"设置"元素的宽度和高度，共有 3 组方法，如表 5-1 和表 5-2 所示。

- width() 和 height()。
- innerWidth() 和 innerHeight()。
- outerWidth() 和 outerHeight()。

表 5-1 width()、innerWidth()、outerWidth()

方法	范围
width()	width
innerWidth()	width + padding
outerWidth()	width + padding + border

表 5-2 height()、innerHeight()、outerHeight()

方法	范围
height()	height
innerHeight()	height + padding
outerHeight()	height + padding + border

实际上，上面这 3 组方法是根据 CSS 盒子模型来划分的，如图 5-19 所示。对于这 3 组方法，一般情况下我们只会用到 width() 和 height() 这一组方法，其他两组方法了解一下即可。

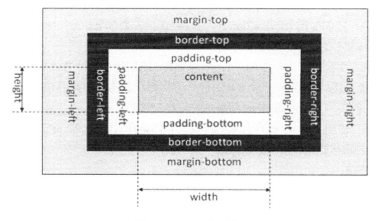

图 5-19 CSS 盒子模型

▌ 语法

```
$().width()       //获取元素宽度
$().width(n)      //设置元素宽度,n是一个整数,表示n像素
$().height()      //获取元素高度
$().height(n)     //设置元素高度,n是一个整数,表示n像素
```

▌ 说明

width() 方法用于获取和设置元素的宽度，height() 方法用于获取和设置元素的高度。

jQuery 的很多方法都有这样一个特点：没有参数的方法表示"获取"，带有参数的方法表示"设置"。

▎举例

```html
<!DOCTYPE html>
<html>
<head>
    <meta charset="utf-8" />
    <title></title>
    <style type="text/css">
        #box1,#box2
        {
            display:inline-block;
            width:100px;
            height:60px;
            border:1px solid gray;
        }
    </style>
    <script src="js/jquery-1.12.4.min.js"></script>
    <script>
        $(function () {
            $("#btn_get").click(function(){
                var width = $("#box1").width();
                alert(width);
            });
            $("#btn_set").click(function(){
                $("#box2").width(50);
            });
        })
    </script>
</head>
<body>
    <div id="box1"></div>
    <div id="box2"></div><br />
    获取第1个div的宽度：<input id="btn_get" type="button" value="获取"/><br/>
    设置第2个div的宽度：<input id="btn_set" type="button" value="设置">
</body>
</html>
```

预览效果如图 5-20 所示。

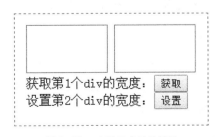

图 5-20　width() 方法的效果

▎ 分析

这里要注意一下，width(n) 方法用于设置宽度时是不需要加单位的，像 width(50px) 这种写法是错误的，正确的写法应该是 width(50)。

2. 元素的位置

在 jQuery 中，很多时候我们需要获取元素的位置，再进行相应的操作。例如在绿叶学习网的在线调色板工具中，就是根据元素的位置来确定颜色值的，如图 5-21 所示。

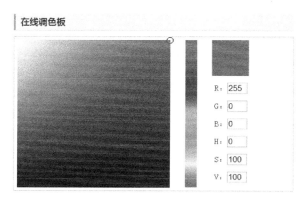

图 5-21　在线调色板

如何获取元素的位置？jQuery 为我们提供了两种方法：一种是 offset()，另一种是 position()。

▶ offset()。

在 jQuery 中，我们可以使用 offset() 方法来获取或设置元素相对于"当前文档（也就是浏览器窗口）"的偏移距离。

▎ 语法

```
$().offset().top
$().offset().left
```

▎ 说明

offset() 方法返回的是一个坐标对象，该对象有两个属性，这两个属性返回的都是一个不带单位的数字。

top 属性，表示获取元素相对于当前文档"顶部"的距离。

left 属性，表示获取元素相对于当前文档"左部"的距离。

▎ 举例

```
<!DOCTYPE html>
<html>
<head>
    <meta charset="utf-8" />
    <title></title>
    <style type="text/css">
        body{text-align:center;}
```

```
            #box1,#box2
            {
                display:inline-block;
                height:100px;
                width:100px;
            }
            #box1{background-color:Red;}
            #box2{background-color:Orange;}
    </style>
    <script src="js/jquery-1.12.4.min.js"></script>
    <script>
        $(function () {
            var top = $("#box2").offset().top;
            var left = $("#box2").offset().left;
            var result = "box2距离顶部：" + top + "px\n" + "box2距离左部：" + left + "px";
            console.log(result);
        })
    </script>
</head>
<body>
    <div id="box1"></div><br />
    <div id="box2"></div><br />
</body>
</html>
```

控制台输出结果如图 5-22 所示。

图 5-22　offset() 方法的效果

▎ 分析

特别注意一下，$().offset().top 和 $().offset().left 这两个方法返回的数值是不带单位的。

▸ position()。

在 jQuery 中，我们可以使用 position() 方法来获取或设置当前元素相对于"最近被定位的祖先元素"的偏移位置。

▎ 语法

```
$().position().top
$().position().left
```

▎ 说明

position() 方法返回的是一个坐标对象，该对象有两个属性，这两个属性返回的都是一个不带单位的数字。

top 属性，表示获取元素相对于最近被定位的祖先元素"顶部"的距离。
left 属性，表示获取元素相对于最近被定位的祖先元素"左部"的距离。

▌举例

```html
<!DOCTYPE html>
<html>
<head>
    <meta charset="utf-8" />
    <title></title>
    <style type="text/css">
        #father
        {
            position:relative;
            width:200px;
            height:200px;
            background-color:orange;
        }
        #son
        {
            position:absolute;
            top:20px;
            left:50px;
            width:50px;
            height:50px;
            background-color:red;
        }
    </style>
    <script src="js/jquery-1.12.4.min.js"></script>
    <script>
        $(function () {
            var top = $("#son").position().top;
            var left = $("#son").position().left;
            var result = "子元素相对父元素顶部的距离是：" + top + "px\n" + "子元素相对父元素左部的距离是：" + left + "px";
            console.log(result);
        })
    </script>
</head>
<body>
    <div id="father">
        <div id="son"></div>
    </div>
</body>
</html>
```

控制台输出结果如图 5-23 所示。

图 5-23 position() 方法的效果

▌ 分析

在实际开发中,获取元素的坐标是很常见的操作。大家一定要重点掌握 offset() 和 position() 这两个方法。在后续章节中,我们会结合实际案例来介绍。

3. 滚动条的距离

在 jQuery 中,我们可以使用 scrollTop() 方法来获取或设置元素相对于滚动条"顶边"的距离,也可以使用 scrollLeft() 方法来获取或设置元素相对于滚动条"左边"的距离。

▌ 语法

```
$().scrollTop()            //获取滚动距离
$().scrollTop(n)           //设置滚动距离,n是一个整数,表示n像素
```

▌ 说明

在实际开发中,大多数情况下我们只会用到 scrollTop() 方法,极少用到 scrollLeft() 方法。因此对于 scrollLeft() 方法,简单了解一下即可。

▌ 举例

```
<!DOCTYPE html>
<html>
<head>
    <meta charset="utf-8" />
    <title></title>
    <style type="text/css">
        body{height:1800px;}
    </style>
    <script src="js/jquery-1.12.4.min.js"></script>
    <script>
        $(function () {
            $(window).scroll(function(){
                var top = $(this).scrollTop();
                console.log("滚动距离:"+ top + "px");
            });
        })
    </script>
</head>
<body>
</body>
</html>
```

当我们拖动滚动条时,控制台输出结果如图 5-24 所示。

图 5-24　滚动距离的效果

▼ 分析

```
$(window).scroll(function () {
    ……
})
```

上面这段代码表示滚动事件，我们在后面"6.7　滚动事件"这一节中会详细介绍，这里不需要深入了解。获取滚动条的距离在各种特效（如回顶部效果）中用得非常多，我们在后续章节会慢慢介绍。

5.3　内容操作

内容操作，指的是使用 jQuery 来操作一个元素的文本内容、值内容等。在 jQuery 中，对于内容操作共有以下 3 种方法。

- html()。
- text()。
- val()。

其中，html() 和 text() 这两个方法用于操作一般元素，而 val() 方法用于操作表单元素。

5.3.1　html()

在 jQuery 中，我们可以使用 html() 方法来获取和设置一个元素中的"HTML 内容"。所谓的 HTML 内容，指的是所有的内部元素以及文本。

▼ 语法

```
$().html()                //获取HTML内容
$().html("HTML内容")      //设置HTML内容
```

▼ 说明

html() 方法和 innerHTML 方法的效果是一样的，只不过 html() 是 jQuery 中的实现方式，而 innerHTML 是 JavaScript 中的实现方式。

▌举例：html() 获取内容

```
<!DOCTYPE html>
<html>
<head>
    <meta charset="utf-8" />
    <title></title>
    <script src="js/jquery-1.12.4.min.js"></script>
    <script>
        $(function () {
            $("#btn").click(function(){
                var result = $("div").html();
                alert(result);
            });
        })
    </script>
</head>
<body>
    <div>绿叶学习网<strong>jQuery教程</strong></div>
    <input id="btn" type="button" value="获取" />
</body>
</html>
```

默认情况下，预览效果如图5-25所示。我们点击【获取】按钮后，预览效果如图5-26所示。

图 5-25　默认效果

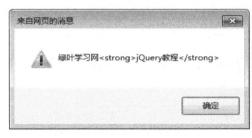

图 5-26　对话框效果

▌举例：html() 设置内容

```
<!DOCTYPE html>
<html>
<head>
    <meta charset="utf-8" />
    <title></title>
    <script src="js/jquery-1.12.4.min.js"></script>
    <script>
        $(function () {
            $("#btn").click(function(){
                var str = '<img src="img/1.png" />';
                $("div").html(str);
            });
        })
    </script>
```

```
        </head>
        <body>
            <input id="btn" type="button" value="设置" />
            <div></div>
        </body>
        </html>
```

默认情况下，预览效果如图 5-27 所示。我们点击【设置】按钮后，预览效果如图 5-28 所示。

图 5-27　默认效果　　　　　　　图 5-28　点击按钮后的效果

5.3.2　text()

在 jQuery 中，我们可以使用 text() 方法来获取和设置一个元素的"文本内容"。

▼ 语法

```
$().text()                //获取文本内容
$().text("文本内容")      //设置文本内容
```

▼ 说明

text() 方法和 innerText 属性的效果是一样的，只不过 text() 是 jQuery 中的实现方式，而 innerText 是 JavaScript 中的实现方式。

▼ 举例：html() 与 text() 比较

```
<!DOCTYPE html>
<html>
<head>
    <meta charset="utf-8" />
    <title></title>
    <script src="js/jquery-1.12.4.min.js"></script>
    <script>
        $(function () {
            var strHtml = $("p").html();
            var strText = $("p").text();
```

```
                $("#txt1").val(strHtml);
                $("#txt2").val(strText);
            })
        </script>
    </head>
    <body>
        <p><strong style="color:hotpink">绿叶学习网</strong></p>
        html()是:<input id="txt1" type="text" /><br/>
        text()是:<input id="txt2" type="text" />
    </body>
</html>
```

预览效果如图 5-29 所示。

图 5-29 html() 和 text() 效果的区别

分析

从这个例子可以看出，html() 获取的是元素内部所有的内容，而 text() 获取的仅仅是文本内容。此外，val() 方法用于获取和设置表单元素的 value 值，我们在后面会详细介绍。

对于 html() 和 text() 这两个方法的区别，从表 5-3 就可以很清晰地比较出来。

表 5-3 html() 和 text() 的区别

HTML 代码	html()	text()
<div> 绿叶学习网 </div>	绿叶学习网	绿叶学习网
<div><em> 绿叶学习网 </em></div>	<em> 绿叶学习网 </em>	绿叶学习网
<div><em></em></div>	<em></em>	（空字符串）

5.3.3 val()

表单元素和一般元素不太一样，它们的值都是通过 value 属性来定义的。因此，我们不能使用 html() 和 text() 这两个方法来获取表单元素的值。

在 jQuery 中，我们可以使用 val() 来获取和设置表单元素的值。

语法

```
$().val()              //获取值
$().val("值内容")       //设置值
```

▌举例

```
<!DOCTYPE html>
<html>
<head>
    <meta charset="utf-8" />
    <title></title>
    <script src="js/jquery-1.12.4.min.js"></script>
    <script>
        $(function () {
            $("#btn_get").click(function(){
                var str1 = $("#txt1").val();
                alert(str1);
            });
            $("#btn_set").click(function(){
                var str2 = "给你初恋般的感觉";
                $("#txt2").val(str2);
            });
        })
    </script>
</head>
<body>
    <input id="txt1" type="text" value="绿叶学习网"/><br/>
    <input id="txt2" type="text" /><br/>
    获取第1个文本框的值：<input id="btn_get" type="button" value="获取"/><br/>
    设置第2个文本框的值：<input id="btn_set" type="button" value="设置">
</body>
</html>
```

预览效果如图 5-30 所示。

图 5-30 val() 方法的效果

▌分析

val() 方法不仅可以用来获取表单元素的值，也可以用来设置表单元素的值。

html()、text()、val() 这 3 个方法都可以实现两点：无参数时用于"获取值"，有参数时用于"设置值"。一般来说，很多 jQuery 方法都有这个特点。

5.4 本章练习

单选题

1. 如果想要得到 input 元素中 checked 属性的取值，应该使用（　　）方法来获取。
   A. attr()　　　　　　　　B. prop()
   C. removeAttr()　　　　　D. css()

2. 在 jQuery 中指定一个类，如果存在就执行删除功能，如果不存在就执行添加功能，此时我们可以使用（　　）方法来实现。
   A. removeClass()　　　　B. toggleClass()
   C. deleteClass()　　　　D. addClass()

3. 下面有关 jQuery 中 HTML 属性操作的说法，不正确的是（　　）。
   A. "获取 HTML 属性值"和"设置 HTML 属性值"使用的都是 attr() 方法
   B. $("img").attr("alt"," 绿叶学习网 ") 等价于 $("img").attr({"alt": " 绿叶学习网 "})
   C. attr() 和 prop() 这两个方法可以互相代替
   D. 如果 HTML 属性值没法使用 attr() 来获取，可以考虑使用 prop() 来实现

4. 下面有关 jQuery 中 CSS 属性操作的说法，不正确的是（　　）。
   A. css() 方法可以接受一个对象作为参数
   B. $("div").width() 等价于 $("div").css("width")
   C. 可以使用 offset() 方法来获取元素相对于"当前文档"的偏移距离
   D. 可以使用 toggle() 方法来切换元素的 class

5. 在 jQuery 中，我们可以使用（　　）方法来获取表单元素的值。
   A. html()　　　　　　　　B. text()
   C. val()　　　　　　　　　D. value()

6. 如果想要获取元素相对于"当前文档"的偏移距离，应该用＿＿＿＿方法来实现。该方法有两个属性，分别是＿＿＿＿和＿＿＿＿。（　　）
   A. position(), top, left　　　B. offset(), top, left
   B. position(), top, right　　 D. offset(), top, right

7. 下面有一段代码，那么 $("div").html() 获取的结果是（　　）。

```
<!DOCTYPE html>
<html>
<head>
    <meta charset="utf-8" />
    <title></title>
</head>
<body>
    <div>说多也是<strong>泪</strong><span></span></div>
</body>
</html>
```

A. 说多也是泪
B. 说多也是 <strong> 泪 </strong>
C. 说多也是 <strong> 泪 </strong><span></span>
D. <strong> 泪 </strong>

8. 下面有一段代码，则四个选项中能获取 a 元素 alt 属性取值的是（　　）。

```
<!DOCTYPE html>
<html>
<head>
    <meta charset="utf-8" />
    <title></title>
</head>
<body>
    <a href="http://www.lvyestudy.com" alt="绿叶学习网">绿叶学习网</a>
</body>
</html>
```

A. $("a").attr("alt")　　　　　　　B. $("a").text("alt")
C. $("a").val("alt")　　　　　　　D. $("a").html("alt")

9. 下面有一段代码，如果使用 jQuery 来将"男"这个选项设置为选中状态，正确的写法是（　　）。

```
<!DOCTYPE html>
<html>
<head>
    <meta charset="utf-8" />
    <title></title>
</head>
<body>
    <label><input type="radio" name="gender" value="男">男</label>
    <label><input type="radio" name="gender" value="女">女</label>
</body>
</html>
```

A. $(":radio[name='gener']:eq(0)").attr("checked",true)
B. $(":radio[name='gener']:eq(1)").attr("checked",true)
C. $(":radio[name='gener']:eq(0)").prop("checked",true)
D. $(":radio[name='gener']:eq(1)").prop("checked",true)

第 6 章 事件基础

6.1 事件简介

在之前的学习中,我们接触过鼠标点击事件,即 click()。那事件究竟是什么呢?举个例子,当我们点击一个按钮时,会弹出一个对话框。其中"点击"就是一个事件,"弹出对话框"就是我们在点击这个事件里面做的一些事情。

在 jQuery 中,一个事件由 3 部分组成。
- 事件主角:是按钮呢?还是 div 元素呢?还是其他?
- 事件类型:是点击呢?还是移动呢?还是其他?
- 事件过程:这个事件都发生了些什么?

当然还有目睹整个事件的"吃瓜群众",也就是用户。像点击事件,也需要用户点了按钮才会发生,没人点击按钮就不会发生。一个"事件"就这样诞生了,很好理解吧。

在 jQuery 中,事件一般是由用户对页面做的一些"小动作"引起的,例如按下鼠标、移动鼠标等,这些都会触发相应的一个事件。jQuery 基本的事件共有以下 6 种。
- 页面事件。
- 鼠标事件。
- 键盘事件。
- 表单事件。
- 编辑事件。
- 滚动事件。

事件操作是 jQuery 的核心,可以这样说:**不懂事件操作,jQuery 等于白学**。因此大家要重点掌握它。

6.2 页面事件

在 jQuery 中，我们使用 $(document).ready() 来替代 JavaScript 中的 window.onload，但这并不是简单的替换。实际上 jQuery 的 ready 事件和 JavaScript 的 onload 事件虽然有着相同的功能，但是两者之间也有着细微的区别。

6.2.1 JavaScript 的 onload 事件

在 JavaScript 中，onload 表示文档加载完成后再执行的一个事件。

▼ 语法

```
window.onload = function(){
    ……
}
```

▼ 说明

对于 JavaScript 的 onload 事件来说，只有当页面上的所有 DOM 元素以及所有外部文件（图片、外部 CSS、外部 JavaScript 等）加载完成之后才会执行。这里的"所有 DOM 元素"，指的是 HTML 部分的代码。

▼ 举例

```
<!DOCTYPE html>
<html>
<head>
    <meta charset="utf-8" />
    <title></title>
    <link href="css/index.css"  rel="stylesheet" type="text/css" />
    <script>
        window.onload = function(){
            var oBtn = document.getElementById("btn");
            oBtn.onclick = function(){
                alert("欢迎来到绿叶学习网！");
            };
        }
    </script>
</head>
<body>
    <input id="btn" type="button" value="提交"><br/>
    <img src="img/1.png" alt="">
</body>
</html>
```

预览效果如图 6-1 所示。

图 6-1　JavaScript 的 onload 事件

▌分析

在这个例子中，所有 DOM 元素加载完成后还不能触发 onload 事件，必须等到外部 CSS 文件以及图片加载完成才可以。

6.2.2　jQuery 的 ready 事件

在 jQuery 中，ready 也表示文档加载完成后再执行的一个事件。

▌语法

```
$(document).ready(function(){
    ……
})
```

▌说明

对于 jQuery 的 ready 事件来说，只要页面上的所有 DOM 元素加载完成就可以执行，不需要再等到外部文件（图片、外部 CSS、外部 JavaScript）加载完成。

▌举例

```html
<!DOCTYPE html>
<html>
<head>
    <meta charset="utf-8" />
    <title></title>
    <link href="css/index.css"  rel="stylesheet" type="text/css" />
    <script>
        $(document).ready(function(){
            $("#btn").click(function(){
                alert("欢迎来到绿叶学习网！");
            });
        })
    </script>
</head>
```

```
<body>
    <input id="btn" type="button" value="提交"><br/>
    <img src="img/1.png" alt="">
</body>
</html>
```

预览效果如图 6-2 所示。

图 6-2　jQuery 的 ready 事件

▌ 分析

在这个例子中，只需要等所有 DOM 元素加载完成就可以执行 ready 事件，而不需要再等到外部 CSS 文件以及图片加载完成。

对上面两个例子我们可以总结如下：jQuery 的 ready 事件仅仅是 DOM 元素加载完成就可以执行，而 JavaScript 的 onload 事件在 DOM 元素加载完成后还需要等所有外部文件也加载完成才可以执行。

很明显，jQuery 的 ready 事件相对于 JavaScript 的 onload 事件来说，极大地提高页面的响应速度，有着更好的用户体验。

6.2.3　ready 事件的 4 种写法

在 jQuery 中，对于 ready 事件，共有以下 4 种写法。

▌ 语法

```
//写法1：
$(document).ready(function(){
    ……
})

//写法2：
jQuery(document).ready(function(){
    ……
})
```

```
//写法3：
$(function(){
    ……
})

//写法4：
jQuery(function(){
    ……
})
```

▌ 说明

在写法 1 中，$(document) 表示先选取 document，然后调用 ready() 方法。其中 ready() 方法的参数是一个匿名函数，如图 6-3 所示。

图 6-3　分析图

在写法 2 中，$ 是 jQuery 的别名。因此我们可以使用 $ 来代替 jQuery，两者是等价的，即 $() 等价于 jQuery()。

而写法 3，实际上是我们最常用的也是最简单的，在此之前大家已经接触过很多次了。在实际开发中，我们也建议使用这种写法。

写法 4 是写法 3 的完整形式，在实际开发中，我们并不推荐使用。

6.2.4　深入了解 jQuery 的 ready 事件

在 JavaScript 中，window.onload 只能调用一次，如果多次调用，则只会执行最后一个。

▌ 举例：多次调用 window.onload

```
<!DOCTYPE html>
<html>
<head>
    <meta charset="utf-8" />
    <title></title>
    <script>
        window.onload = function(){
            console.log("第1次调用");
        }
        window.onload = function(){
            console.log("第2次调用");
        }
        window.onload = function(){
```

```
            console.log("第3次调用");
        }
    </script>
</head>
<body>
</body>
</html>
```

控制台输出结果如图 6-4 所示。

图 6-4　多次调用 window.onload 的效果

▌ 分析

从这个例子可以看出，如果多次调用 window.onload，则 JavaScript 只会执行最后一个 window.onload。为了解决这个问题，我们大多数时候是使用 addEventListener() 来实现多次调用的效果，代码如下。

```
window.addEventListener("load", function(){}, false);
```

但是在 jQuery 中，ready 事件是可以多次执行的。从这里可以看出 jQuery 有非常良好的兼容性。

▌ 举例：多次调用 $(document).ready()

```
<!DOCTYPE html>
<html>
<head>
    <meta charset="utf-8" />
    <title></title>
    <script src="js/jquery-1.12.4.min.js"></script>
    <script>
        $(document).ready(function(){
            console.log("第1次调用");
        })
        $(document).ready(function () {
            console.log("第2次调用");
        })
        $(document).ready(function () {
            console.log("第3次调用");
        })
    </script>
</head>
<body>
</body>
</html>
```

控制台输出结果如图 6-5 所示。

图 6-5　多次调用 $(document).ready() 的效果

6.3　鼠标事件

从这一节开始，我们正式开始实际操作 jQuery 中的各种事件。事件操作是 jQuery 核心之一，也是本书的重中之重。

在 jQuery 中，常见的鼠标事件如表 6-1 所示。

表 6-1　鼠标事件

事件	说明
click	鼠标单击事件
mouseover	鼠标（指针）移入事件
mouseout	鼠标（指针）移出事件
mousedown	鼠标按下事件
mouseup	鼠标松开事件
mousemove	鼠标移动事件

鼠标事件非常多，这里我们只列出最实用的，以免增加大家的记忆负担。从上表可以看出，jQuery 事件比 JavaScript 事件只是少了"on"这个前缀。例如鼠标单击事件在 JavaScript 中是 onclick，而在 jQuery 中是 click。

jQuery 事件的语法很简单，我们都是往事件方法中插入一个匿名函数 function(){}，如图 6-6 所示。

图 6-6　插入函数 function(){}

6.3.1　鼠标单击

单击事件（click），我们在之前已经接触过非常多次了，例如点击某个按钮弹出一个提示框。这里要特别注意一点，单击事件不只是按钮才有，我们可以为任何元素添加单击事件。

▌ 举例：为 div 元素添加单击事件

```html
<!DOCTYPE html>
<html>
<head>
    <meta charset="utf-8" />
    <title></title>
    <style>
        div
        {
            display: inline-block;
            width: 80px;
            height: 24px;
            line-height: 24px;
            font-family:"微软雅黑";
            font-size:15px;
            text-align: center;
            border-radius: 3px;
            background-color: deepskyblue;
            color: white;
            cursor: pointer;
        }
        div:hover {background-color: dodgerblue;}
    </style>
    <script src="js/jquery-1.12.4.min.js"></script>
    <script>
        $(function () {
            $("div").click(function(){
                alert("开玩笑吗？")
            })
        })
    </script>
</head>
<body>
    <div>调试代码</div>
</body>
</html>
```

预览效果如图 6-7 所示。

图 6-7 为 div 添加点击事件

▌ 分析

这里我们使用 div 元素模拟出一个按钮，并且为它添加了单击事件。我们点击【调试代码】按钮之后，就会弹出提示框。之所以举这个例子，也是给小伙伴们说明一点：我们可以为任何元素添加单击事件。

在实际开发中，为了获得更好的用户体验，我们一般不会使用表单按钮，而更倾向于使用其他元素结合 CSS 模拟出来的按钮，因为表单按钮的外观实在不敢恭维。

▼ 举例：自动触发点击事件

```html
<!DOCTYPE html>
<html>
<head>
    <meta charset="utf-8" />
    <title></title>
    <script src="js/jquery-1.12.4.min.js"></script>
    <script>
        $(function () {
            $("#btn").click(function () {
                alert("欢迎来到绿叶学习网！");
            }).click();
        })
    </script>
</head>
<body>
    <input id="btn" type="button" value="按钮">
</body>
</html>
```

预览效果如图 6-8 所示。

图 6-8　自动触发点击事件

▼ 分析

在这个例子中，我们使用 click() 方法自动触发鼠标点击事件。在实际开发中，自动触发事件这个小技巧非常有用，像我们常见的图片轮播效果中就用到了。

6.3.2　鼠标（指针）移入和鼠标（指针）移出

当用户将鼠标指针移到某个元素上时，就会触发 mouseover 事件。当用户将鼠标指针移出某个元素时，就会触发 mouseout 事件。mouseover 和 mouseout 平常都是形影不离的。

mouseover 和 mouseout 分别用于控制鼠标指针"移入"和"移出"这两种状态。例如，在下拉菜单导航中，鼠标指针移入会显示二级导航，鼠标指针移出则会收起二级导航。

▼ 举例：移入和移出

```html
<!DOCTYPE html>
<html>
<head>
    <meta charset="utf-8" />
```

```
        <title></title>
        <script src="js/jquery-1.12.4.min.js"></script>
        <script>
            $(function () {
                $("div").mouseover(function(){
                    $(this).css("color", "red");
                })
                $("div").mouseout(function () {
                    $(this).css("color", "black");
                })
            })
        </script>
    </head>
    <body>
        <div>绿叶学习网</div>
    </body>
</html>
```

预览效果如图 6-9 所示。

图 6-9　鼠标指针移入和移出

▎ 分析

这里的 $(this) 指的其实就是触发当前事件的元素，也就是 div 元素。在这个例子中，$(this) 等价于 $("div")。

$(this) 的使用是非常复杂的，这里我们只是让初学者熟悉一下，在第 7 章再给小伙伴们详细讲解。

上面这个例子虽然简单，但是方法已经教给大家了。大家可以尝试使用 mouseover 和 mouseout 这两个事件来设计下拉菜单效果。

▎ 举例：链式调用

```
<!DOCTYPE html>
<html>
<head>
    <meta charset="utf-8" />
    <title></title>
    <script src="js/jquery-1.12.4.min.js"></script>
    <script>
        $(function () {
            $("div").mouseover(function(){
```

```
            $(this).css("color", "red");
        }).mouseout(function () {
            $(this).css("color", "black");
        })
    })
    </script>
</head>
<body>
    <div>绿叶学习网</div>
</body>
</html>
```

预览效果如图 6-10 所示。

图 6-10　链式调用

▌分析

```
$("div").mouseover(function(){
    $(this).css("color", "red");
}).mouseout(function () {
    $(this).css("color", "black");
})
```

上面的代码其实等价于：

```
$("div").mouseover(function(){
    $(this).css("color", "red");
})
$("div").mouseout(function () {
    $(this).css("color", "black");
})
```

在 jQuery 中，如果对同一个对象进行多种操作，则可以使用链式调用的语法。链式调用是 jQuery 中的经典语法之一，不仅可以节省代码量，还可以提高代码的性能和效率。

6.3.3　鼠标按下和鼠标松开

当用户按下鼠标时，会触发 mousedown 事件；当用户松开鼠标时，则会触发 mouseup 事件。

mousedown 表示鼠标按下的一瞬间所触发的事件，而 mouseup 表示鼠标松开的一瞬间所触发的事件。当然，我们都知道只有"先按下"才能"再松开"。

▌ 举例：鼠标按下和松开

```html
<!DOCTYPE html>
<html>
<head>
    <meta charset="utf-8" />
    <title></title>
    <script src="js/jquery-1.12.4.min.js"></script>
    <script>
        $(function () {
            $("#btn").mousedown(function(){
                $("h1").css("color", "red");
            })
            $("#btn").mouseup(function () {
                $("h1").css("color", "black");
            })
        })
    </script>
</head>
<body>
    <h1>绿叶学习网</h1>
    <hr />
    <input id="btn" type="button" value="按钮" />
</body>
</html>
```

预览效果如图 6-11 所示。

图 6-11　鼠标按下和松开

▌ 分析

在实际开发中，mousedown、mouseup 和 mousemove 经常用来配合实现拖拽、抛掷等效果。不过这些效果非常复杂，感兴趣的小伙伴可以看看本系列图书中的《从 0 到 1：HTML5 Canvas 动画开发》来加深理解。

6.4　键盘事件

在 jQuery 中，常用的键盘事件共有两种。

- 键盘按下：keydown。
- 键盘松开：keyup。

keydown 表示键盘按下的一瞬间所触发的事件，而 keyup 表示键盘松开的一瞬间所触发的事件。对于键盘来说，都是先有"按下"才有"松开"，也就是 keydown 发生在 keyup 之前。

▌ 举例：统计输入字符的长度

```html
<!DOCTYPE html>
<html>
<head>
    <meta charset="utf-8" />
    <title></title>
    <script src="js/jquery-1.12.4.min.js"></script>
    <script>
        $(function () {
            $("#txt").keyup(function(){
                var str = $(this).val();
                $("#num").text(str.length);
            })
        })
    </script>
</head>
<body>
    <input id="txt" type="text" />
    <div>
        字符串长度为:
        <span id="num">0</span>
    </div>
</body>
</html>
```

预览效果如图 6-12 所示。

图 6-12　统计输入字符的长度

▌ 分析

在这个例子中，我们实现的效果是：用户输入字符串后，会自动计算字符串的长度。

实现原理很简单，每输入一个字符，我们都需要按一下键盘。每次输完该字符，也就是松开键盘时，都会触发一次 keyup 事件，此时我们计算字符串的长度即可。

▼ 举例：验证输入是否正确

```html
<!DOCTYPE html>
<html>
<head>
    <meta charset="utf-8" />
    <title></title>
    <script src="js/jquery-1.12.4.min.js"></script>
    <script>
        $(function () {
            //定义一个变量，保存正则表达式
            var myregex = /^[0-9]*$/;
            $("#txt").keydown(function(){
                var value = $(this).val();
                //判断输入是否为数字
                if (myregex.test(value)) {
                    $("div").text("输入正确");
                } else {
                    $("div").text("必须输入数字");
                }
            })
        })
    </script>
</head>
<body>
    <input id="txt" type="text" />
    <div style="color:red;"></div>
</body>
</html>
```

默认情况下，预览效果如图 6-13 所示。当我们输入文本时，预览效果如图 6-14 所示。

图 6-13　默认效果

图 6-14　输入文本时的效果

▼ 分析

几乎每一个网站的注册功能都会涉及表单验证，例如判断用户名是否已注册、密码长度是否满足要求、邮箱格式是否正确等。而涉及表单验证，就肯定离不开正则表达式。其实正则表达式也是前端非常重要的内容，可以关注绿叶学习网的正则表达式教程来进一步学习。

键盘事件一般有两个用途：表单操作和动画控制。其中，动画控制常见于游戏开发。例如，图 6-15 所示的《英雄联盟》中人物的行走或技能释放，就是通过键盘来控制的。用键盘事件来控制动画一般比较难，我们放到后面再介绍。

图 6-15 《英雄联盟》

6.5 表单事件

在 jQuery 中，常用的表单事件有 3 种。
- focus 和 blur。
- select。
- change。

实际上，除了上面这几个，还有一个 submit 事件。不过，submit 事件一般都是结合后端技术来使用，所以可以暂时不考虑。

6.5.1 focus 和 blur

focus 表示获取焦点时触发的事件，而 blur 表示失去焦点时触发的事件，两者是相反的操作。

focus 和 blur 这两个事件往往是配合起来使用的。例如，用户准备在文本框中输入内容时，文本框会获得光标，进而触发 focus 事件；当文本框失去光标时，就会触发 blur 事件。

并不是所有的 HTML 元素都有焦点事件，具有"获取焦点"和"失去焦点"特点的元素只有两种。
- 表单元素（单选按钮、复选框、单行文本框、多行文本框、下拉列表）。
- 超链接。

判断一个元素是否具有焦点事件很简单，我们打开一个页面后按 Tab 键，能够选中的就是带有焦点特性的元素。在实际开发中，焦点事件（focus 和 blur）一般用于单行文本框和多行文本框，其他地方比较少见。

举例：搜索框

```html
<!DOCTYPE html>
<html>
<head>
    <meta charset="utf-8" />
    <title></title>
    <style type="text/css">
        #search{color:#BBBBBB;}
    </style>
    <script src="js/jquery-1.12.4.min.js"></script>
    <script>
        $(function () {
            //获取文本框默认值
            var txt = $("#search").val();
            //获取焦点
            $("#search").focus(function(){
                if($(this).val() == txt){
                    $(this).val("");
                }
            })
            //失去焦点
            $("#search").blur(function () {
                if ($(this).val() == "") {
                    $(this).val(txt);
                }
            })
        })
    </script>
</head>
<body>
    <input id="search" type="text" value="百度一下，你就知道" />
    <input type="button" value="搜索" />
</body>
</html>
```

预览效果如图 6-16 所示。

图 6-16　获取焦点和失去焦点的效果

分析

在这个例子中，当文本框获取焦点（也就是有光标）时，提示文字就会消失。当文本框失去焦点时，如果没有输入任何内容，提示文字会重新出现。从这里小伙伴们可以感性地认识到"获取焦点"和"失去焦点"是怎么一回事。

上面搜索框的外观还有待改善，不过技巧已经教给大家了。我们可以尝试动手去制作更加好看的搜索框，一定会从中学到很多东西的。

像上面这种搜索框的文字提示效果，其实我们也可以使用 HTML5 表单元素新增的 placeholder 属性来实现，代码如下。

```
<input id="search" type="text" placeholder="百度一下，你就知道" />
```

对于焦点事件来说，还有一点要补充。在默认情况下，文本框是不会自动获取焦点的，必须点击文本框才会获取。但是我们经常看到很多页面在一打开的时候，文本框就已经自动获取到了焦点，例如百度首页（大家可以去看看），那么这个效果是怎么实现的呢？很简单，也是使用 focus() 来实现。

▼ 举例：自动获取焦点

```
<!DOCTYPE html>
<html>
<head>
    <meta charset="utf-8" />
    <title></title>
    <script src="js/jquery-1.12.4.min.js"></script>
    <script>
        $(function () {
            $("#txt").focus();
        })
    </script>
</head>
<body>
    <input id="txt" type="text" />
</body>
</html>
```

预览效果如图 6-17 所示。

图 6-17　focus() 方法的效果

▼ 分析

focus() 不仅可以作为一个事件，还可以作为一个方法。

6.5.2　select

在 jQuery 中，当我们选中"单行文本框"或"多行文本框"中的内容时，就会触发 select 事件。

▼ 举例

```
<!DOCTYPE html>
<html>
```

```html
<head>
    <meta charset="utf-8" />
    <title></title>
    <script src="js/jquery-1.12.4.min.js"></script>
    <script>
        $(function () {
            $("#txt1").select(function(){
                alert("你选中了单行文本框中的内容")
            })
            $("#txt2").select(function () {
                alert("你选中了多行文本框中的内容")
            })
        })
    </script>
</head>
<body>
    <input id="txt1" type="text" value="绿叶学习网，给你初恋般的感觉"/><br />
    <textarea id="txt2" cols="20" rows="5">绿叶学习网，给你初恋般的感觉</textarea>
</body>
</html>
```

预览效果如图 6-18 所示。

图 6-18　select 事件的效果

▼ 分析

当我们选中单行文本框或多行文本框中的内容时，都会弹出相应的对话框。select 事件在实际开发中用得极少，我们了解一下即可，不需要深入。

再回到实际开发中，我们在使用搜索框的时候，每次点击搜索框，它就自动帮我们把文本框内的文本全选中了（大家先去看看百度搜索是不是这样的），这个效果又是怎么实现的呢？其实这用到的也是 select() 方法。

▼ 举例：全选文本

```html
<!DOCTYPE html>
<html>
<head>
    <meta charset="utf-8" />
    <title></title>
    <script src="js/jquery-1.12.4.min.js"></script>
```

```
<script>
    $(function () {
        $("#search").click(function(){
            $(this).select();
        })
    })
</script>
</head>
<body>
    <input id="search" type="text" value="百度一下,你就知道" />
</body>
</html>
```

默认情况下,预览效果如图 6-19 所示。当我们点击文本框时,预览效果如图 6-20 所示。

图 6-19 默认时的效果　　　　　　　图 6-20 点击文本框时的效果

▌ 分析

与 focus() 一样,select() 不仅可以作为一个事件,还可以作为一个方法。

6.5.3 change

在 jQuery 中,change 事件常用于"具有多个选项的表单元素"中 change 事件在以下 3 种情况下被触发。

- 单选框选择某一项时触发。
- 复选框选择某一项时触发。
- 下拉菜单选择某一项时触发。

▌ 举例:单选框

```
<!DOCTYPE html>
<html>
<head>
    <meta charset="utf-8" />
    <title></title>
    <script src="js/jquery-1.12.4.min.js"></script>
    <script>
        $(function () {
            $('input[type="radio"]').change(function(){
                var bool = $(this).prop("checked");
                if(bool){
                    $("p").text("你选择的是:" + $(this).val());
                }
            })
```

```
            })
        </script>
    </head>
    <body>
        <div>
            <label><input type="radio" name="fruit" value="苹果" />苹果</label>
            <label><input type="radio" name="fruit" value="香蕉" />香蕉</label>
            <label><input type="radio" name="fruit" value="西瓜" />西瓜</label>
        </div>
        <p></p>
    </body>
</html>
```

默认情况下，预览效果如图 6-21 所示。当我们选中任意一项时，就会立即显示出结果来，预览效果如图 6-22 所示。

图 6-21　默认效果　　　　　　　　图 6-22　选中时的效果

▌ 分析

$('input[type="radio"]') 表示选取所有单选框，这是一种属性选择器，之前我们已经接触过了。$(this).prop("checked") 表示获取单选框 checked 属性的取值。

从之前"5.1　属性操作"这一节中我们知道：对于表单元素的 checked、selected、disabled 这些属性，我们使用 attr() 方法是没法获取的，必须使用 prop() 方法来获取。

▌ 举例：复选框的全选与反选

```
<!DOCTYPE html>
<html>
<head>
    <meta charset="utf-8" />
    <title></title>
    <script src="js/jquery-1.12.4.min.js"></script>
    <script>
        $(function () {
            $("#selectAll").change(function(){
                var bool = $(this).prop("checked");
                if(bool){
                    $(".fruit").prop("checked","checked");
                }else{
                    $(".fruit").removeProp("checked");
                }
            })
        })
    </script>
</head>
```

```
<body>
    <div>
        <p><label><input id="selectAll" type="checkbox"/>全选/反选：</label></p>
        <label><input type="checkbox" class="fruit" value="苹果" />苹果</label>
        <label><input type="checkbox" class="fruit" value="香蕉" />香蕉</label>
        <label><input type="checkbox" class="fruit" value="西瓜" />西瓜</label>
    </div>
</body>
</html>
```

预览效果如图 6-23 所示。

图 6-23　复选框全选/反选的效果

▋ 分析

当【全选】复选框被选中时，下面所有的复选框就会被选中。再次点击【全选】按钮，此时下面所有的复选框就会被取消选中。

哪个元素在"搞事（触发事件）"，$(this) 就是哪个。后面经常会碰到，我们一定要清楚这一点。

▋ 举例：下拉列表

```
<!DOCTYPE html>
<html>
<head>
    <meta charset="utf-8" />
    <title></title>
    <script src="js/jquery-1.12.4.min.js"></script>
    <script>
        $(function () {
            $("select").change(function () {
                var link = $(":selected").val();
                window.open(link);
            })
        })
    </script>
</head>
<body>
    <select>
        <option value="http://www.lvyestudy.com">绿叶学习网</option>
        <option value="https://www.ptpress.com.cn">人邮官网</option>
        <option value="https://www.epubit.com">异步社区</option>
    </select>
</body>
</html>
```

预览效果如图 6-24 所示。

图 6-24　下拉列表的效果

▶ **分析**

当我们选择下拉列表的某一项时，就会触发 change 事件，然后在新的窗口打开对应的页面。下拉菜单这种效果还是比较常见的，我们可以了解一下。

$(":selected").val() 表示选取被选中的下拉菜单的选项（即被选中的 option 元素），然后获取该选项的 value 值。其中，$(":selected") 是一个"表单属性"伪类选择器，我们在之前的"3.7 '表单属性'伪类选择器"这一节已经详细介绍过了。

6.6　编辑事件

在 jQuery 中，常用的编辑事件只有一种，那就是 contextmenu 事件。

▶ **举例：禁用鼠标右键**

```
<!DOCTYPE html>
<html>
<head>
    <meta charset="utf-8" />
    <title></title>
    <script src="js/jquery-1.12.4.min.js"></script>
    <script>
        $(function () {
            $("body").contextmenu(function(){
                return false;
            })
        })
    </script>
</head>
<body>
    <div>不要用战术上的勤奋，来掩盖战略上的懒惰。</div>
</body>
</html>
```

预览效果如图 6-25 所示。

图 6-25　禁用鼠标右键的效果

▶ **分析**

虽然鼠标右键功能被禁止了，但是我们依旧可以用快捷键，如使用"Ctrl"+"C"快捷键来复制内容、使用"Ctrl"+"S"快捷键来保存网页等，并不能真正地防止复制。

contextmenu 事件在大多数情况下都是用来保护版权的。

▌ **举例：点击鼠标右键切换背景颜色**

```html
<!DOCTYPE html>
<html>
<head>
    <meta charset="utf-8" />
    <title></title>
    <style type="text/css">
        div
        {
            width:150px;
            height:100px;
            background-color: lightskyblue;
        }
    </style>
    <script src="js/jquery-1.12.4.min.js"></script>
    <script>
        $(function () {
            $("div").contextmenu(function(){
                $(this).css("background-color", "hotpink");
            })
        })
    </script>
</head>
<body>
    <div></div>
</body>
</html>
```

默认情况下，预览效果如图 6-26 所示。当我们在 div 元素上点击鼠标右键时，预览效果如图 6-27 所示。

图 6-26　默认效果

图 6-27　点击鼠标右键后的效果

6.7　滚动事件

滚动事件，指的是拉动页面滚动条时所触发的事件。滚动事件非常有用，特别是在"回顶部特效"以及"扁平化页面动画"中会大量用到。

在 jQuery 中，我们可以使用 scroll() 方法来表示滚动事件。

语法

```
$().scroll(function(){
    ……
})
```

说明

scroll() 方法经常配合 scrollTop() 方法一起使用。其中，scrollTop() 方法在"5.2 样式操作"这一节中我们已经详细介绍过了。

举例：固定栏目

```
<!DOCTYPE html>
<html>
<head>
    <meta charset="utf-8" />
    <title></title>
    <style type="text/css">
        body{height:1800px;}
        #box1,#box2
        {
            display:inline-block;
            width:100px;
            height:100px;
        }
        #box1
        {
            background-color:Red;
        }
        #box2
        {
            background-color:Orange;
            position:fixed;
        }
    </style>
    <script src="js/jquery-1.12.4.min.js"></script>
    <script>
        $(function () {
            //获取box2距离顶部的距离
            var top = $("#box2").offset().top;
            //根据滚动距离判断定位
            $(window).scroll(function () {
                //当滚动条距离大于box2距离顶部的距离时，设置固定定位
                if ($(this).scrollTop() > top) {
                    $("#box2").css({ "position": "fixed", "top": "0" });
                }
                //当滚动条距离小于box2距离顶部的距离时，设置相对定位
                else {
                    $("#box2").css({ "position": "relative" });
                }
            });
        })
```

```
        </script>
    </head>
    <body>
        <div id="box1"></div><br />
        <div id="box2"></div>
    </body>
</html>
```

预览效果如图 6-28 所示。

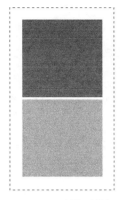

图 6-28　固定栏目的效果

▼ 分析

当滚动条距离大于 box2 距离顶部的距离时，设置固定定位；当滚动条距离小于 box2 距离顶部的距离时，设置相对定位。

这个技巧非常好用，常用于固定某个栏目。绿叶学习网文章右侧的某个固定栏目就是用这种方法来实现的。

▼ 举例：回顶部特效

```
<!DOCTYPE html>
<html>
<head>
    <meta charset="utf-8" />
    <title></title>
    <style type="text/css">
        body
        {
            height:1800px;
        }
        div
        {
            position:fixed;
            right:50px;
            bottom:50px;
            display:none;          /*设置默认情况下元素为隐藏状态*/
            width:40px;
            height:40px;
```

```
            color:white;
            background-color:#45B823;
            font-family:微软雅黑;
            font-size:15px;
            font-weight:bold;
            text-align:center;
            cursor:pointer;
        }
    </style>
    <script src="js/jquery-1.12.4.min.js"></script>
    <script>
        $(function () {
            //根据滚动距离判断按钮是显示或隐藏
            $(window).scroll(function () {
                if ($(this).scrollTop() > 300) {
                    $("div").css("display", "inline-block");
                }
                else {
                    $("div").css("display", "none");
                }
            });
            //实现点击滚动回顶部
            $("div").click(function () {
                $("html,body").scrollTop(0);
            });
        })
    </script>
</head>
<body>
    <h3>绿叶，给你初恋般的感觉。</h3>
    <div>回到顶部</div>
</body>
</html>
```

默认情况下，预览效果如图 6-29 所示。我们拖动滚动条一段距离（如 300px）后，此时预览效果如图 6-30 所示。

图 6-29　默认效果

图 6-30　拖动滚动条后的效果

▌分析

当我们拖动滚动条一定距离后,【回到顶部】按钮就会出现。点击【回到顶部】按钮,我们会发现页面回到了顶部,此时按钮也会消失。

这就是最常见的回顶部特效,实现代码很简单,小伙伴们好好琢磨就能明白是怎么实现的。在学习"第 8 章 jQuery 动画"后,我们再回顾一下回顶部特效基础操作,然后给回顶部特效添加动画效果。

6.8 本章练习

一、单选题

1. 当按下键盘中的一个键时,最先触发的是(　　)事件。
   A. keydown　　　　　　　B. keyup
   C. mousedown　　　　　　D. mouseup
2. 如果想要给单行文本框添加一个输入验证,可以使用(　　)事件来实现。
   A. hover　　　　　　　　B. keydown
   C. change　　　　　　　D. keyup
3. 如果想要在一个文本框中的内容被选中时去执行某些方法,可以使用(　　)事件来实现。
   A. click　　　　　　　　B. change
   C. select　　　　　　　D. bind
4. 下面有关页面事件的说法中,正确的是(　　)。
   A. $(document).ready() 和 window.onload 是完全等价的
   B. JavaScript 的 onload 事件只需要等 DOM 元素加载完成就可以执行
   C. $(document).ready(function(){}) 等价于 $(function(){})
   D. 同一页面中,如果多次调用 $(document).ready(),则只会执行最后一个
5. 下面有关事件操作的说法中,正确的是(　　)。
   A. 所有元素都可以触发 focus 事件
   B. 只有按钮才可以触发 click 事件
   C. 选择下拉列表的某一项时,触发的是 change 事件
   D. 表单元素获取焦点时触发的是 blur 事件
6. 执行下面一段代码,会出现什么效果?(　　)

```
<!DOCTYPE html>
<html>
<head>
    <meta charset="utf-8" />
    <title></title>
    <script src="js/jquery-1.12.4.min.js"></script>
    <script>
        $(function () {
            alert("first time");
```

```
            })
            $(function () {
                alert("second time");
            })
        </script>
    </head>
    <body>
    </body>
</html>
```

  A. 只弹出一次对话框，显示"first time"

  B. 只弹出一次对话框，显示"second time"

  C. 弹出两次对话框，依次显示"first time""second time"

  D. 程序报错，无法执行

7. 执行下面一段代码，会出现什么效果？（　　）

```
<!DOCTYPE html>
<html>
<head>
    <meta charset="utf-8" />
    <title></title>
    <script>
        window.onload=function(){
            alert("first time")
        }
        window.onload=function(){
            alert("second time")
        }
    </script>
</head>
<body>
</body>
</html>
```

  A. 只弹出一次对话框，显示"first time"

  B. 只弹出一次对话框，显示"second time"

  C. 弹出两次对话框，依次显示"first time""second time"

  D. 程序报错，无法执行

二、简答题

请简单说一下 $(document).ready() 和 window.onload 之间的区别。（前端面试题）

第 7 章 事件进阶

7.1 绑定事件

在上一章的学习中,我们接触了各种事件操作。实际上,在 jQuery 中,我们除了采用"基本事件"的方式来为元素添加事件之外,还可以采用"绑定事件"的方式。

在 jQuery 中,我们可以使用 on() 方法为元素绑定一个事件或者多个事件。jQuery 的 on() 方法,有点类似于 JavaScript 的 addEventListener() 方法。

▌ 语法

```
$().on(type, fn)
```

▌ 说明

上面是 on() 方法的简略语法,这也是为了照顾初学的小伙伴,以免一下子被复杂的语法绕进去。新手只需要掌握这个语法就可以了。对于 on() 方法的完整语法,感兴趣的小伙伴可以自行搜索了解一下。

type 是必选参数,它是一个字符串,表示事件类型。例如单击事件是 "click",按下事件是 "mousedown",以此类推。

fn 也是必选参数,它是一个匿名函数,即 function(){}。

7.1.1 为"已经存在的元素"绑定事件

在 jQuery 中,我们可以使用 on() 方法为"已经存在的元素"绑定事件。

▌ 举例

```
<!DOCTYPE html>
<html>
<head>
```

```
        <meta charset="utf-8" />
        <title></title>
        <script src="js/jquery-1.12.4.min.js"></script>
        <script>
            $(function () {
                $("#btn").on("click",function(){
                    alert("绿叶，给你初恋般的感觉");
                })
            })
        </script>
    </head>
    <body>
        <input id="btn" type="button" value="按钮">
    </body>
</html>
```

预览效果如图 7-1 所示。

图 7-1　为"已经存在的元素"绑定事件

▼ 分析

在这个例子中，按钮本身在 HTML 文档中是已经存在的。细心的小伙伴可能会想，我使用 click() 方法为按钮添加单击事件不也可以吗？

```
$("#btn").on("click",function(){
    alert("绿叶，给你初恋般的感觉");
})
```

实际上，上面这段代码等价于：

```
$("#btn").click(function(){
    alert("绿叶，给你初恋般的感觉");
})
```

由此我们可以得出一个结论：在 jQuery 中，如果想要为元素添加事件，我们有两种方法，一种是"基本事件"（如 click() 等），另一种是"绑定事件"。

7.1.2　为"动态创建的元素"绑定事件

在 jQuery 中，on() 方法不仅可以为"已经存在的元素"绑定事件，还可以为"动态创建的元素"绑定事件。

▼ 举例

```
<!DOCTYPE html>
<html>
<head>
```

```
        <meta charset="utf-8" />
        <title></title>
        <script src="js/jquery-1.12.4.min.js"></script>
        <script>
            $(function () {
                //动态创建元素
                var $btn = $('<input id="btn" type="button" value="按钮">');
                $($btn).appendTo("body");

                //绑定事件
                $("#btn").on("click",function(){
                    alert("绿叶，给你初恋般的感觉")
                })
            })
        </script>
</head>
<body>
</body>
</html>
```

预览效果如图 7-2 所示。

图 7-2 为"动态创建的元素"绑定事件

▌ 分析

在这个例子中，按钮一开始在 HTML 文件中是不存在的，而是由 jQuery 动态创建的。当然，我们直接使用基本事件，也是可以为动态创建的元素添加事件的，小伙伴们可以试一下。

实际上，on() 方法还有一种同时绑定多个事件的语法，不过这个语法没太多用处。就算要绑定多个事件，我们直接用多个 on() 方法即可。为了减轻记忆负担，大家可以忽略这种语法。

【解惑】

在 jQuery 中绑定事件不是还有 bind() 方法和 live() 方法吗？为什么不给我们介绍一下？

从 jQuery1.7 开始（我们现在用的是 jQuery 1.12.4），对于绑定事件，jQuery 官方建议使用 on() 方法来统一取代以前的 bind()、live() 和 delegate() 方法；对于解绑事件，jQuery 官方也建议使用 off() 方法来统一取代以前的 unbind()、die() 和 undelegate() 方法。因此，大家必须清楚这一点。以后如果在其他书看到 bind()、live() 等这些方法，直接忽略即可。

7.2 解绑事件

既然存在绑定事件，那肯定也存在对应的解绑事件。绑定事件和解绑事件是相反的操作。在 jQuery 中，我们可以使用 off() 方法来解除元素绑定的事件。jQuery 的 off() 方法，有点类似于

JavaScript 的 removeEventListener() 方法。

▮ **语法**

```
$().off(type)
```

▮ **说明**

type 是可选参数，它是一个字符串，表示事件类型。例如单击事件是 "click"，按下事件是 "mousedown"，以此类推。如果参数被省略，就表示移除当前元素中的所有事件。

off() 方法不仅可以用来解除使用"基本事件"方式添加的事件，还可以用来解除使用"绑定事件"方式添加的事件。

▮ **举例：解除使用"基本事件"方式添加的事件**

```html
<!DOCTYPE html>
<html>
<head>
    <meta charset="utf-8" />
    <title></title>
    <script src="js/jquery-1.12.4.min.js"></script>
    <script>
        $(function () {
            //添加事件
            $("#btn").click(function(){
                alert("绿叶，给你初恋般的感觉")
            })
            //解绑事件
            $("#btn_off").click(function(){
                $("#btn").off("click");
            });
        })
    </script>
</head>
<body>
    <input id="btn" type="button" value="按钮"><br/>
    <input id="btn_off" type="button" value="解除"/>
</body>
</html>
```

预览效果如图 7-3 所示。

图 7-3　解除使用"基本事件"方式添加的事件

▮ **分析**

当我们点击【解除】按钮后，就会把第一个按钮所绑定的 click 事件解除。

▌ 举例：解除使用"绑定事件"方式添加的事件

```html
<!DOCTYPE html>
<html>
<head>
    <meta charset="utf-8" />
    <title></title>
    <style>
        input{margin-bottom: 6px;}
    </style>
    <script src="js/jquery-1.12.4.min.js"></script>
    <script>
        $(function () {
            //添加事件
            $("#btn").on("click", function(){
                alert("绿叶，给你初恋般的感觉")
            })
            //解绑事件
            $("#btn_off").click(function(){
                $("#btn").off("click");
            });
        })
    </script>
</head>
<body>
    <input id="btn" type="button" value="按钮"><br/>
    <input id="btn_off" type="button" value="解除"/>
</body>
</html>
```

预览效果如图 7-4 所示。

图 7-4　解除使用"绑定事件"方式添加的事件

▌ 分析

当我们点击【解除】按钮后，就会把第一个按钮所绑定的 click 事件解除。学了那么多，我们自然而然就会问：解绑事件都有什么用呢？一般情况下我们都是添加完事件就行了，没必要去解除事件啊！其实大多数情况确实如此，但是还有不少情况是必须要解除事件的。

实际开发中，如果想要实现拖曳效果，我们在 mouseup 事件中就必须要解除 mousemove 事件，如果没有解除就会有 bug。当然，实现拖曳效果是比较复杂的，这里不详细展开。对于解绑事件，我们学到后面就会更清楚它的作用。

7.3 合成事件

从之前的学习中我们知道，鼠标（指针）移入和鼠标（指针）移出这两个事件往往都是配合起来使用的，而我们需要分别对这两个事件定义。为了简化代码，jQuery 为我们提供了 hover() 方法来一次性定义这两个事件，这就是所谓的"合成事件"。

▆ 语法

```
$().hover(fn1, fn2)
```

▆ 说明

参数 fn1 表示鼠标（指针）移入事件触发的处理函数，参数 fn2 表示鼠标（指针）移出事件触发的处理函数。

▆ 举例

```
<!DOCTYPE html>
<html>
<head>
    <meta charset="utf-8" />
    <title></title>
    <script src="js/jquery-1.12.4.min.js"></script>
    <script>
        $(function () {
            $("div").hover(function(){
                $(this).css("color", "red");
            },function(){
                $(this).css("color", "black");
            })
        })
    </script>
</head>
<body>
    <div>绿叶，给你初恋般的感觉。</div>
</body>
</html>
```

预览效果如图 7-5 所示。

绿叶，给你初恋般的感觉。

图 7-5　合成事件

▆ 分析

初学的小伙伴对 hover() 这种写法可能会感到很陌生，也总是记不住。hover() 方法，就是插入两个 function(){}。每次使用 hover() 方法时，我们要先把形式写出来，如下所示。

```
$().hover(function(){}, function(){})
```

形式写好了，再去编写两个 function(){} 中的内容，这样就不会导致书写错误了。

```
$().hover(function(){
    //鼠标指针移入
}, function(){
    //鼠标指针移出
})
```

hover() 方法，准确来说是替代了 mouseenter() 和 mouseleave() 方法，而不是替代 mouseover() 和 mouseout() 方法。因此这个例子的 hover() 代码可以等价于：

```
//鼠标（指针）移入事件
$("div").mouseenter(function(){
    $(this).css("color", "red");
})
//鼠标（指针）移出事件
$("div").mouseleave(function(){
    $(this).css("color", "black");
})
```

有些小伙伴可能会问："对于上面这个例子，我们使用 CSS 的 :hover 伪类不也可以实现吗？而且比 jQuery 更加简单呢。"说得没错，不过 CSS 的 :hover 伪类只限于改变 CSS 样式，对于更复杂的操作就没办法了，请看下面的例子。

▌举例

```
<!DOCTYPE html>
<html>
<head>
    <meta charset="utf-8" />
    <title></title>
    <style type="text/css">
        h3
        {
            height:40px;
            line-height:40px;
            text-align:center;
            background-color:#ddd;
            cursor:pointer;
        }
        div
        {
            display:none;/*设置默认情况下内容不显示*/
            padding:10px;
            border:1px solid silver;
            text-indent:32px;
        }
    </style>
    <script src="js/jquery-1.12.4.min.js"></script>
    <script>
        $(function () {
```

```
            $("h3").hover(function(){
                $("div").css("display", "block");
            }, function(){
                $("div").css("display", "none");
            })
        })
    </script>
</head>
<body>
    <h3>绿叶学习网</h3>
    <div>绿叶学习网成立于2015年4月1日,是一个富有活力的Web技术学习网站。在这里,我们只提供互联网专业的Web技术教程和愉悦的学习体验。每一个教程、每一篇文章甚至每一个知识点,都体现绿叶精益求精的态度。没有最好,但是我们可以做到更好!</div>
</body>
</html>
```

默认情况下,预览效果如图 7-6 所示。当鼠标指针移到标题上时,预览效果如图 7-7 所示。

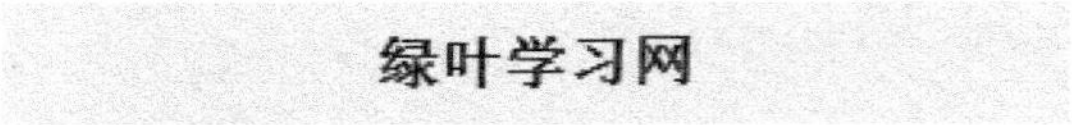

图 7-6　默认效果

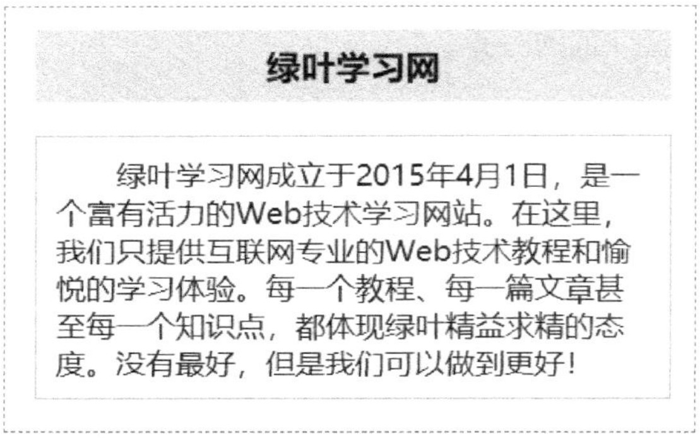

图 7-7　鼠标指针移到标题时的效果

▼ 分析

像上面这种操作,使用 CSS 的 :hover 伪类就无法实现了。

7.4　一次事件

在 jQuery 中,我们可以使用 one() 方法为元素添加一个"只触发一次"的事件。

▼ 语法

```
$().one(type, fn)
```

▼ 说明

type 是必选参数,它是一个字符串,表示事件类型。fn 也是必选参数,表示事件的处理函数。

举例

```html
<!DOCTYPE html>
<html>
<head>
    <meta charset="utf-8" />
    <title></title>
    <script src="js/jquery-1.12.4.min.js"></script>
    <script>
        $(function () {
            $("#btn").one("click", function(){
                alert("欢迎来到绿叶学习网！");
            })
        })
    </script>
</head>
<body>
    <input id="btn" type="button" value="按钮" />
</body>
</html>
```

预览效果如图 7-8 所示。

图 7-8　一次事件

分析

在这个例子中，我们使用 one() 方法为按钮添加了一个只触发一次的 click 事件。第一次点击按钮后会弹出对话框，而第二次点击时就没有任何反应了，这是因为 click 事件已经被解除。

实际上，对于 one() 方法，我们可以使用 on() 和 off() 这两个方法模拟出来。

```javascript
$("#btn").one("click", function(){
    alert("欢迎来到绿叶学习网！");
})
```

上面这段代码可以等价于：

```javascript
$("#btn").on("click", function(){
    alert("欢迎来到绿叶学习网！");
    $(this).off("click");
})
```

7.5　自定义事件

自定义事件，指的是用户自己定义的事件。在 jQuery 中，我们可以使用 on() 方法来自定义一个事件，然后使用 trigger() 方法来触发自定义事件。

▎ 举例

```
<!DOCTYPE html>
<html>
<head>
    <meta charset="utf-8" />
    <title></title>
    <script src="js/jquery-1.12.4.min.js"></script>
    <script>
        $(function () {
            $("#btn").on("delay", function(){
                setTimeout(function(){
                    alert("欢迎来到绿叶学习网！")
                },1000)
            })
            $("#btn").click(function(){
                $("#btn").trigger("delay");
            })
        })
    </script>
</head>
<body>
    <input id="btn" type="button" value="按钮" />
</body>
</html>
```

预览效果如图 7-9 所示。

图 7-9　使用 trigger() 方法触发自定义事件

▎ 分析

从这个例子我们可以知道，实现自定义事件需要以下两步。

① 使用 on() 方法定义一个事件。
② 使用 trigger() 方法触发自定义事件。

自定义事件并不是真正意义上的事件，小伙伴们可以把它理解为自定义函数，触发自定义事件就相当于调用自定义函数。由于自定义事件拥有事件类型的很多特性，因此自定义事件在实际开发中有着非常多的用途。

实际上，使用 trigger() 方法不仅可以触发自定义事件，还可以触发任何 jQuery 事件。

▎ 举例

```
<!DOCTYPE html>
<html>
<head>
    <meta charset="utf-8" />
    <title></title>
```

```
        <script src="js/jquery-1.12.4.min.js"></script>
        <script>
            $(function () {
                $("#btn").on("click" ,function(){
                    alert("欢迎来到绿叶学习网! ");
                }).trigger("click");
            })
        </script>
    </head>
    <body>
        <input id="btn" type="button" value="按钮">
    </body>
</html>
```

预览效果如图 7-10 所示。

图 7-10　使用 trigger() 方法触发 jQuery 事件

▌ 分析

```
$("#btn").on("click" ,function(){
    alert("欢迎来到绿叶学习网! ");
}).trigger("click");
```

上面这段代码其实可以等价于：

```
$("#btn").on("click" ,function(){
    alert("欢迎来到绿叶学习网! ");
}).click();
```

在这个例子中，我们使用 trigger("click") 自动触发鼠标点击事件。在实际开发中，自动触发事件非常有用，例如图片轮播效果、模拟文件上传等功能都会用到它，所以大家要重点掌握。

7.6　event 对象

当一个事件发生的时候，与这个事件有关的详细信息都会临时保存到一个指定的地方，这个地方就是 event 对象。每一个事件，都有一个对应的 event 对象。打个比方，我们都知道飞机都有黑匣子，每次飞机出事（一个事件）后，我们都可以从黑匣子（event 对象）中获取详细的信息。

在 jQuery 中，我们可以通过 event 对象来获取一个事件的详细信息。这里只是介绍一下常用的属性，更深入的内容可以关注 JavaScript 进阶教程。

表 7-1　event 对象的属性

属性	说明
type	事件类型
target	事件元素

续表

属性	说明
which	鼠标左、中、右键
pageX、pageY	鼠标坐标
shiftKey	是否按下 Shift 键
ctrlKey	是否按下 Ctrl 键
altKey	是否按下 Alt 键
keyCode	键码值

7.6.1 event.type

在 jQuery 中，我们可以使用 event 对象的 type 属性来获取事件的类型。

▼ 举例

```
<!DOCTYPE html>
<html>
<head>
    <meta charset="utf-8" />
    <title></title>
    <script src="js/jquery-1.12.4.min.js"></script>
    <script>
        $(function () {
            $("#btn").click(function(e){
                alert(e.type);     //click
            })
        })
    </script>
</head>
<body>
    <input id="btn" type="button" value="按钮" />
</body>
</html>
```

预览效果如图 7-11 所示。

图 7-11　event.type 方法的效果

分析

几乎所有的初学者（包括当年的我）都会有一个疑问：“这个 e 是什么？为什么写个 e.type 就可以获取到事件的类型呢？”

实际上，每次调用一个事件的时候，jQuery 都会默认给这个事件函数加上一个隐藏的参数，这个隐藏的参数就是 event 对象。一般来说，event 对象是作为事件函数的第一个参数传入的。

其实 e 仅仅是一个变量名，它存储的是一个 event 对象。也就是说，e 换成其他名字如 ev、event、a 等都可以，大家可以测试一下。

在 JavaScript 中，event 对象在 IE8 及以下版本还存在一定的兼容性问题，可能还需要采取“var e=e||window.event;”来处理。不过 jQuery 1.12.4 版本已经完美兼容 IE6~IE8 了，所以我们不需要做兼容处理。

7.6.2 event.target

在 jQuery 中，我们可以使用 event 对象的 target 属性来获取触发事件的元素。

语法

```
event.target
```

说明

在 JavaScript 中，事件是“冒泡”的，所以 this 是可以变化的。但是 event.target 不会变化，它永远都是触发当前事件的元素。一般来说，$(this) 和 $(event.target) 是等价的。

举例

```
<!DOCTYPE html>
<html>
<head>
    <meta charset="utf-8" />
    <title></title>
    <script src="js/jquery-1.12.4.min.js"></script>
    <script>
        $(function () {
            $("a").click(function(e){
                var result = $(e.target).attr("href");
                alert(result);
                return false;    //阻止超链接跳转
            })
        })
    </script>
</head>
<body>
    <a href="http://www.lvyestudy.com" target="_blank">绿叶学习网</a>
</body>
</html>
```

预览效果如图 7-12 所示。

图 7-12　event.target 方法的效果

▌分析

$(e.target).attr("href") 其实可以等价于 $(this).attr("href")。

7.6.3　event.which

在 jQuery 中，我们可以使用 event 对象的 which 属性来获取单击事件中鼠标的左、中、右键。

▌语法

```
event.which
```

▌说明

event.which 会返回一个数字，其中 1 表示左键，2 表示中键，3 表示右键。

▌举例

```
<!DOCTYPE html>
<html>
<head>
    <meta charset="utf-8" />
    <title></title>
    <script src="js/jquery-1.12.4.min.js"></script>
    <script>
        $(function () {
            $("a").mousedown(function(e){
                switch(e.which){
                    case 1: alert("你点击的是左键");break;
                    case 2: alert("你点击的是中键");break;
                    case 3: alert("你点击的是右键");break;
                }
            })
        })
    </script>
</head>
<body>
    <a href="http://www.lvyestdy.com" target="_blank">绿叶学习网</a>
</body>
</html>
```

预览效果如图 7-13 所示。

图 7-13　event.which 方法的效果

▌ **分析**

在这个例子中,当我们点击鼠标时,会判断你点击的是鼠标的哪一个键。

7.6.4　event.pageX 和 event.pageY

在 jQuery 中,我们可以使用 event 对象的 pageX 和 pageY 这两个属性来分别获取鼠标相对于页面左上角的坐标。该坐标是以页面作为参考点,不随滚动条的移动而变化。

▌ **语法**

```
event.pageX
event.pageY
```

▌ **说明**

event.pageX 表示获取鼠标相对于页面左上角的 x 轴坐标,event.pageY 表示获取鼠标相对于页面左上角的 y 轴坐标。

▌ **举例**

```html
<!DOCTYPE html>
<html>
<head>
    <meta charset="utf-8" />
    <title></title>
    <script src="js/jquery-1.12.4.min.js"></script>
    <script>
        $(function () {
            $(document).mousemove(function(e){
                var result = "鼠标坐标为:(" + e.pageX + "," + e.pageY + ")";
                $("body").text(result);
            })
        })
    </script>
</head>
<body>
</body>
</html>
```

预览效果如图 7-14 所示。

鼠标坐标为:(10,20)

图 7-14　event.pageX 和 event.pageY 方法的效果

7.6.5　keyCode

在 jQuery 中,如果我们想要获取在键盘上按下的是哪个键,可以使用 event 对象的 keyCode

属性。

▌ 语法

```
event.keyCode
```

▌ 说明

event.keyCode 返回的是一个数值，常用的按键及对应的键码如表 7-2 所示。

表 7-2 常用的按键及对应的键码

按键	键码
W（上）	87
S（下）	83
A（左）	65
D（右）	68
↑	38
↓	40
←	37
→	39

如果按下的是 Shift、Ctrl 和 Alt 这 3 个键，我们不需要通过 keyCode 属性来获取，而是直接通过 shiftKey、ctrlKey 和 altKey 属性来获取。

▌ 举例：禁止使用 Shift、Ctrl、Alt 键

```
<!DOCTYPE html>
<html>
<head>
    <meta charset="utf-8" />
    <title></title>
    <script src="js/jquery-1.12.4.min.js"></script>
    <script>
        $(function () {
            $(document).keydown(function(e){
                if (e.shiftKey || e.altKey || e.ctrlKey) {
                    alert("禁止使用Shift、Ctrl、Alt键！")
                }
            })
        })
    </script>
</head>
<body>
    <div>绿叶，给你初恋般的感觉。</div>
</body>
</html>
```

预览效果如图 7-15 所示。

图 7-15　禁止使用 Shift、Ctrl、Alt 键的效果

▼ 分析

e.keyCode 返回的是一个数字，而 e.shiftKey、e.ctrlKey、e.altKey 返回的都是布尔值（true 或 false），我们注意一下两者的区别。

▼ 举例：获取"上""下""左""右"方向键

```
<!DOCTYPE html>
<html>
<head>
    <meta charset="utf-8" />
    <title></title>
    <script src="js/jquery-1.12.4.min.js"></script>
    <script>
        $(function () {
            $(window).keydown(function(e){
                if (e.keyCode == 38 || e.keyCode == 87) {
                    $("span").text("上");
                } else if (e.keyCode == 39 || e.keyCode == 68) {
                    $("span").text("右");
                } else if (e.keyCode == 40 || e.keyCode == 83) {
                    $("span").text("下");
                } else if (e.keyCode == 37 || e.keyCode == 65) {
                    $("span").text("左");
                } else {
                    $("span").text("");
                }
            })
        })
    </script>
</head>
<body>
    <div>你控制的方向是:
        <span style="color:red;"></span>
    </div>
</body>
</html>
```

预览效果如图 7-16 所示。

图 7-16 获取"上""下""左""右"方向键的效果

▊ 分析

在游戏开发中，我们一般都是通过键盘中的"↑"、"↓"、"←"、"→"以及"W"、"S"、"A"、"D"这 8 个键来控制人物行走的方向，这个技巧用得非常多。当然，以我们现在的水平，离游戏开发还很远。有兴趣的小伙伴可以看看《从 0 到 1：HTML5 Canvas 动画开发》一书。

7.7 this

我们都知道，原生 JavaScript 中的 this 是非常复杂的。不过在 jQuery 中，this 的使用相对来说简单一点。jQuery 中的 this 大多数是用于事件操作中。

对于 jQuery 中的 this，我们记住一句话即可：this 始终指向触发当前事件的元素。

▊ 举例

```
<!DOCTYPE html>
<html>
<head>
    <meta charset="utf-8" />
    <title></title>
    <script src="js/jquery-1.12.4.min.js"></script>
    <script>
        $(function () {
            $("div").click(function(){
                //$(this)等价于$("div")
                $(this).css("color", "red");
            })
            $("p").click(function () {
                //$(this)等价于$("p")
                $(this).css("color", "blue");
            })
        })
    </script>
</head>
<body>
    <div>绿叶，给你初恋般的感觉~</div>
    <p>绿叶，给你初恋般的感觉~</p>
```

```
</body>
</html>
```

预览效果如图 7-17 所示。

图 7-17 this 方法的效果

▎ 分析

在 $("div").click(function(){……}) 中，$(this) 等价于 $("div")。而在 $("p").click(function(){……}) 中，$(this) 等价于 $("p")。

▎ 举例

```
<!DOCTYPE html>
<html>
<head>
    <meta charset="utf-8" />
    <title></title>
    <script src="js/jquery-1.12.4.min.js"></script>
    <script>
        $(function () {
            $("li").each(function(index){
                var text = $("li").text();
                console.log(text);
            })
        })
    </script>
</head>
<body>
    <ul>
        <li>HTML</li>
        <li>CSS</li>
        <li>JavaScript</li>
    </ul>
</body>
</html>
```

预览效果如图 7-18 所示。

图 7-18 (this) 效果

▶ 分析

一开始想要实现的效果是依次输出每一个 li 元素中的文本，很多人自然而然就写下了上面这种代码。然后测试的时候，发现效果却是如图 7-19 所示的。这是怎么回事呢？

图 7-19 控制台信息

其实我们试着把 $("li").text() 改为 $(this).text() 就有效果了。那么为什么用 $("li") 就不正确，而必须要用 $(this) 呢？原因在于 $("li") 获取的是一个集合，而不是某一个元素。

在事件函数中，如果想要使用当前元素，我们应尽量使用 $(this) 来代替 $(selector) 这种写法，否则可能会出现各种 bug。

7.8 本章练习

单选题

1. 在 jQuery 1.x 最新版本中，如果想要为元素绑定一个事件，应该使用（　　）方法。
   A. on()   B. delegate()
   C. bind()   D. addEventListener()
2. 在 jQuery 中，如果我们想要获取在键盘上按下的是哪个键，可以使用（　　）方法。
   A. event.which   B. event.type
   C. event.target   D. event.keyCode
3. 下面有关 jQuery 事件操作的说法中，正确的是（　　）。
   A. 一般情况下，jQuery 中的 this 指向的是触发当前事件的元素
   B. on() 方法只能为元素绑定一个事件，不能绑定多个事件
   C. on() 方法不能为动态创建的元素绑定事件
   D. 自定义事件使用的是 one() 方法

第 8 章 jQuery 动画

8.1 jQuery 动画简介

平常在浏览网页时，我们经常可以看到各种炫丽的动画效果，例如下拉菜单、图片轮播、浮动广告等。使用动画效果可以让页面更加酷炫，也可以优化页面的用户体验。拿我们的绿叶学习网（www.lvyestudy.com）来说，首页的图片轮播每隔 5 秒就"爆炸"一次，十分酷炫，大家可以去感受一下。如图 8-1 所示。

图 8-1 "爆炸"的图片轮播

现在 HTML5 和 CSS3 发展比较快，不少小伙伴可能都接触过 CSS3 动画。实际上，使用 CSS3 实现动画相对于使用 jQuery 实现动画更加简单。在实际开发中，如果想要一个动画效果，建议大家优先考虑使用 CSS3 来实现。如果实现不了，再去考虑使用 jQuery。

我们可能就会问了："既然都说使用 CSS3 来实现动画更加简单方便，为什么还要学习 jQuery 动画呢？"实际上，使用 CSS3 来实现动画有一定的局限性，有些地方必须使用 jQuery 才能实现动画，例如下面几种情况。

▶ 控制动画的执行。
▶ 结合 DOM 操作。

- 动画执行后返回一个函数。

当然，我们只有把这一章学完才会对 jQuery 动画有更深的认识。

8.2 显示与隐藏

在 jQuery 中，如果想要实现元素的显示与隐藏效果，有以下两种方式。
- show() 和 hide()。
- toggle()。

8.2.1 show() 和 hide()

在 jQuery 中，我们可以使用 show() 方法来显示元素，也可以使用 hide() 方法来隐藏元素。一般情况下，show() 和 hide() 这两个方法都是配合起来使用的。

▌ 语法

```
$().show(speed, fn)
$().hide(speed, fn)
```

▌ 说明

show() 方法会把元素由 display: none; 还原为原来的状态（display:block、display:inline-block 等）。

hide() 方法会为元素定义 display:none;。

speed 是一个可选参数，表示动画的速度，单位为毫秒。如果省略参数，则表示没有动画效果。speed 有两种取值，一种是"字符串"，另一种是"数值"，如表 8-1 所示。

表 8-1 speed 取值为字符串及对应数值

字符串	数值
slow	200
normal	400（默认值）
fast	600

fn 也是一个可选参数，表示动画执行完成后的回调函数。在这里，所谓的回调函数，就是在动画执行完成后再执行的一个函数。

▌ 举例：无动画的 show() 和 hide()

```
<!DOCTYPE html>
<html>
<head>
    <meta charset="utf-8" />
    <title></title>
    <script src="js/jquery-1.12.4.min.js"></script>
    <script>
        $(function () {
```

```
            $("#btn_hide").click(function(){
                $("img").hide();
            })
            $("#btn_show").click(function () {
                $("img").show();
            })
        })
    </script>
</head>
<body>
    <input id="btn_hide" type="button" value="隐藏" />
    <input id="btn_show" type="button" value="显示" /><br/>
    <img src="img/jquery.png" alt=""/>
</body>
</html>
```

默认情况下，预览效果如图 8-2（a）所示。当我们点击【隐藏】按钮之后，图片会消失，预览效果如图 8-2（b）所示。当我们点击【显示】按钮之后，图片又会重新显示出来。

（a）默认效果　　　　　　　　　　　（b）点击【隐藏】按钮后的效果

图 8-2　无动画的 show() 和 hide() 方法的效果

▼ 分析

在这个例子中，当我们点击【隐藏】按钮时，使用 hide() 方法隐藏图片；点击【显示】按钮时，使用 show() 方法显示图片。

```
$("#btn_hide").click(function () {
    $("img").hide();
});
$("#btn_show").click(function () {
    $("img").show();
});
```

上面代码其实等价于：

```
$("#btn_hide").click(function () {
    $("img").css("display" , "none");
});
$("#btn_show").click(function () {
    $("img"). css("display" , "block");
});
```

▌举例:带动画的 show() 和 hide()

```
<!DOCTYPE html>
<html>
<head>
    <meta charset="utf-8" />
    <title></title>
    <script src="js/jquery-1.12.4.min.js"></script>
    <script>
        $(function () {
            $("#btn_hide").click(function(){
                $("img").hide("fast");
            })
            $("#btn_show").click(function () {
                $("img").show(500);
            })
        })
    </script>
</head>
<body>
    <input id="btn_hide" type="button" value="隐藏" />
    <input id="btn_show" type="button" value="显示" /><br/>
    <img src="img/jquery.png" alt="" />
</body>
</html>
```

默认情况下,预览效果如图 8-3(a)所示。当我们点击【隐藏】按钮之后,图片会消失,预览效果如图 8-3(b)所示。当我们点击【显示】按钮之后,图片又会重新显示出来。

(a)默认效果　　　　　　　　　　　(b)点击【隐藏】按钮后的效果

图 8-3　带动画的 show() 和 hide() 方法的效果

▌分析

这个例子相对于上一个例子来说,只是在 show() 和 hide() 中添加了一个速度参数,然后就让它们带上了动画效果,小伙伴们一定要在本地编辑器测试感受一下。

其中,参数 500 指的是 500ms,不需要带上单位。也就是说,show(500ms) 这种写法是错误的,正确写法应该是 show(500)。

8.2.2 toggle()

在 jQuery 中，我们还可以使用 toggle() 方法来"切换"元素的显示状态。也就是说，如果元素是显示状态，则可以切换到隐藏状态；如果元素是隐藏状态，则可以切换到显示状态。

▌ 语法

$().toggle(speed, fn)

▌ 说明

speed 是一个可选参数，表示动画的速度，单位为毫秒。如果省略参数，则表示没有动画效果。speed 有两种取值：一种是"字符串"，另一种是"数值"，如表 8-2 所示。

表 8-2 speed 取值为字符串及对应数值

字符串	数值
slow	200
normal	400（默认值）
fast	600

fn 也是一个可选参数，表示动画执行完成后的回调函数。

此外要说明一点：toggle() 方法在 jQuery 3.x 版本中已经被移除了。当然，如果使用 jQuery 1.x 版本则不用在意这点。

▌ 举例

```
<!DOCTYPE html>
<html>
<head>
    <meta charset="utf-8" />
    <title></title>
    <script src="js/jquery-1.12.4.min.js"></script>
    <script>
        $(function () {
            $("#btn").click(function(){
                $("img").toggle(500);
            })
        })
    </script>
</head>
<body>
    <input id="btn" type="button" value="切换" /><br>
    <img src="img/jquery.png" alt="" />
</body>
</html>
```

预览效果如图 8-4 所示。

图 8-4 toggle() 方法的效果

▮ 分析

从这个例子可以看出，使用 toggle() 方法来切换元素的显示状态，比使用 show() 和 hide() 这两个方法更加简单方便。

8.3 淡入与淡出

在 jQuery 中，如果想要实现元素的淡入与淡出的渐变效果，有以下 3 种方式。
- fadeIn() 和 fadeOut()。
- fadeToggle()。
- fadeTo()。

8.3.1 fadeIn() 和 fadeOut()

在 jQuery 中，我们可以使用 fadeIn() 方法来实现元素的淡入效果，可以使用 fadeOut() 方法来实现元素的淡出效果。一般情况下，fadeIn() 和 fadeOut() 这两个方法都是配合起来使用的。

▮ 语法

```
$().fadeIn(speed, fn)
$().fadeOut(speed, fn)
```

▮ 说明

speed 是一个可选参数，表示动画的速度，单位为毫秒。如果省略参数，则表示采用默认速度。speed 有两种取值，一种是"字符串"，另一种是"数值"，如表 8-3 所示。

表 8-3 speed 取值为字符串及对应数值

字符串	数值
slow	200
normal	400（默认值）
fast	600

fn 也是一个可选参数，表示动画执行完成后的回调函数。

▍举例

```
<!DOCTYPE html>
<html>
<head>
    <meta charset="utf-8" />
    <title></title>
    <script src="js/jquery-1.12.4.min.js"></script>
    <script>
        $(function () {
            $("#btn_hide").click(function(){
                $("img").fadeOut();
            })
            $("#btn_show").click(function () {
                $("img").fadeIn();
            })
        })
    </script>
</head>
<body>
    <input id="btn_hide" type="button" value="淡出" />
    <input id="btn_show" type="button" value="淡入" /><br/>
    <img src="img/jquery.png" alt=""/>
</body>
</html>
```

预览效果如图 8-5 所示。

图 8-5　fadeIn() 和 fadeOut() 方法的效果

▍分析

可能有些小伙伴会发现，使用 fadeIn() 和 fadeOut() 方法实现的淡入和淡出效果与使用 show() 和 hide() 方法实现的带动画的显示与隐藏效果几乎是一模一样的。确实，这两种方式很相似。但是我们不要被其表象给蒙蔽了双眼，实际上这两种方式还是有一定区别的。

▶ show() 与 hide()：通过改变 height、width、opacity、display 来实现元素的显示与隐藏

效果。

- fadeIn() 与 fadeOut()：通过改变 opacity、display 来实现元素的淡入与淡出效果。

此外，使用这两种方式实现的效果在视觉上也有一定的区别，例如，使用 hide() 方法实现的效果是慢慢缩小来隐藏元素，而 fadeOut() 方法实现的效果是整体淡化直至消失。

8.3.2 fadeToggle()

在 jQuery 中，我们还可以使用 fadeToggle() 方法来"切换"元素的显示状态。也就是说，如果元素是显示状态，则可以切换为淡出；如果元素是隐藏状态，则可以切换为淡入。

▌语法

```
$().fadeToggle(speed, fn)
```

▌说明

speed 是一个可选参数，表示动画的速度，单位为毫秒。如果省略参数，则表示采用默认速度。speed 有两种取值，一种是"字符串"，另一种是"数值"，如表 8-4 所示。

表 8-4 speed 取值为字符串及对应数值

字符串	数值
slow	200
normal	400（默认值）
fast	600

fn 也是一个可选参数，表示动画执行完成后的回调函数。

▌举例

```html
<!DOCTYPE html>
<html>
<head>
    <meta charset="utf-8" />
    <title></title>
    <script src="js/jquery-1.12.4.min.js"></script>
    <script>
        $(function () {
            $("#btn").click(function(){
                $("img").fadeToggle();
            })
        })
    </script>
</head>
<body>
    <input id="btn" type="button" value="切换" /><br/>
    <img src="img/jquery.png" alt=""/>
</body>
</html>
```

预览效果如图 8-6 所示。

图 8-6　fadeToggle() 方法的效果

▶ 分析

从这个例子可以看出，使用 fadeToggle() 方法来切换元素的显示状态，比使用 fadeIn() 和 fadeOut() 这两个方法更加简单方便。

8.3.3　fadeTo()

在淡入效果中，透明度（opacity 属性）是从 0 变化到 1 的。在淡出效果中，透明度是从 1 变化到 0 的。在 jQuery 中，如果想要将元素透明度指定到 0~1 的某个值，可以使用 fadeTo() 方法。

▶ 语法

```
$().fadeTo(speed, opacity, fn)
```

▶ 说明

speed 是一个可选参数，表示动画的速度，单位为毫秒。如果省略参数，则表示采用默认速度。speed 有两种取值，一种是"字符串"，另一种是"数值"，如表 8-5 所示。

表 8-5　speed 取值为字符串及对应数值

字符串	数值
slow	200
normal	400（默认值）
fast	600

opacity 是一个必选参数，表示元素指定的透明度，取值范围为 0.0~1.0。

fn 也是一个可选参数，表示动画执行完成后的回调函数。

▶ 举例

```
<!DOCTYPE html>
<html>
<head>
    <meta charset="utf-8" />
    <title></title>
```

```
<script src="js/jquery-1.12.4.min.js"></script>
<script>
    $(function () {
        $("img").hover(function () {
            $(this).fadeTo(200, 0.6);
        }, function () {
            $(this).fadeTo(200, 1.0);
        })
    })
</script>
</head>
<body>
    <img src="img/jquery.png" alt=""/>
</body>
</html>
```

默认情况下，预览效果如图 8-7（a）所示。当鼠标指针移到图片上时，图片透明度会改变，预览效果如图 8-7（b）所示。当鼠标指针移出图片后，图片透明度又会恢复。

（a）默认效果　　　　　　　　　　（b）鼠标指针移到图片上的效果

图 8-7　fadeTo() 方法的效果

▌ 分析

fadeTo() 方法只会把元素的透明度指定为某个值，并不会隐藏元素。

8.4　滑上与滑下

在浏览网页时，我们经常可以看到各种带有滑动效果的下拉菜单。例如绿叶学习网的主导航就是如此，如图 8-8 所示。

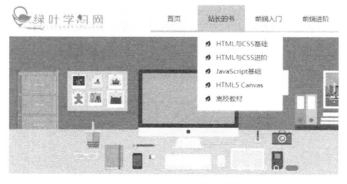

图 8-8　绿叶学习网的主导航

在 jQuery 中，如果想要实现元素的滑动效果，我们有以下两种方式。
- slideUp() 和 slideDown()。
- slideToggle()。

8.4.1 slideUp() 和 slideDown()

在 jQuery 中，我们可以使用 slideUp() 方法来实现元素的滑上效果，可以使用 slideDown() 方法来实现元素的滑下效果。一般情况下，slideUp() 和 slideDown() 这两个方法都是配合起来使用的。

▼ 语法

```
$().slideUp(speed, fn)
$().slideDown(speed, fn)
```

▼ 说明

speed 是一个可选参数，表示动画的速度，单位为毫秒。如果省略参数，则表示采用默认速度。speed 有两种取值，一种是"字符串"，另一种是"数值"，如表 8-6 所示。

表 8-6　speed 取值为字符串及对应数值

字符串	数值
slow	200
normal	400（默认值）
fast	600

fn 也是一个可选参数，表示动画执行完成后的回调函数。

▼ 举例

```
<!DOCTYPE html>
<html>
<head>
    <meta charset="utf-8" />
    <title></title>
    <style type="text/css">
        div{ width:300px;}
        h3
        {
            text-align:center;
            padding:10px;
            background-color:#EEEEEE;
        }
        h3:hover
        {
            background-color:#DDDDDD;
            cursor:pointer;
        }
        p
        {
```

```
            background-color:#F1F1F1;
            padding:8px;
            line-height:24px;
            display:none;
        }
    </style>
    <script src="js/jquery-1.12.4.min.js"></script>
    <script>
        $(function () {
            //设置一个变量flag用于标记元素状态,是"滑下"还是"滑上"
            var flag = 0;
            $("h3").click(function () {
                if (flag == 0) {
                    $("p").slideDown();
                    flag = 1;
                }
                else {
                    $("p").slideUp();
                    flag = 0;
                }
            });
        })
    </script>
</head>
<body>
    <div>
        <h3>绿叶学习网简介</h3>
        <p>绿叶学习网成立于2015年4月1日,是一个富有活力的Web技术学习网站。在这里,我们只提供互联网专业的Web技术教程和愉悦的学习体验。每一个教程、每一篇文章甚至每一个知识点,都体现绿叶精益求精的态度。没有最好,但是我们可以做到更好!</p>
    </div>
</body>
</html>
```

默认情况下,预览效果如图8-9(a)所示。当我们点击h3元素后,p元素会向下滑动,预览效果如图8-9(b)所示。然后再次点击h3元素后,p元素会向上滑动,恢复到最初的样子。

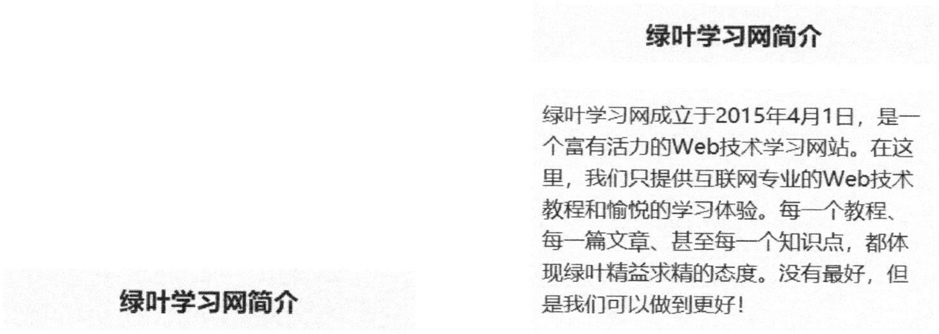

(a)默认效果　　　　　　　　　　　　　(b)点击标题后的效果

图8-9　slideUp()和slideDown()方法的效果

▌ 分析

对于滑动的动画效果,我们需要定义一个变量来标识当前元素的滑动状态,然后根据这个变量值判断是执行滑上效果，还是滑下效果。

8.4.2 slideToggle()

在 jQuery 中，我们还可以使用 slideToggle() 方法来"切换"元素的滑动状态。也就是说，如果元素是滑下状态，则可以切换到滑上状态；如果元素是滑上状态，则可以切换到滑下状态。

▼ 语法

```
$().slideToggle(speed, fn)
```

▼ 说明

speed 是一个可选参数，表示动画的速度，单位为毫秒。如果省略参数，则表示采用默认速度。speed 有两种取值，一种是"字符串"，另一种是"数值"，如表 8-7 所示。

表 8-7 speed 取值为字符串及对应数值

字符串	数值
slow	200
normal	400（默认值）
fast	600

fn 也是一个可选参数，表示动画执行完成后的回调函数。

▼ 举例

```
<!DOCTYPE html>
<html>
<head>
    <meta charset="utf-8" />
    <title></title>
    <style type="text/css">
        div{ width:300px;}
        h3
        {
            text-align:center;
            padding:10px;
            background-color:#EEEEEE;
        }
        h3:hover
        {
            background-color:#DDDDDD;
            cursor:pointer;
        }
        p
        {
            background-color:#F1F1F1;
            padding:8px;
            line-height:24px;
            display:none;
        }
```

```
            </style>
            <script src="js/jquery-1.12.4.min.js"></script>
            <script>
                $(function () {
                    $("h3").click(function(){
                        $("p").slideToggle();
                    })
                })
            </script>
        </head>
        <body>
            <div>
                <h3>绿叶学习网简介</h3>
                <p>绿叶学习网成立于2015年4月1日，是一个富有活力的Web技术学习网站。在这里，我们只提供互联网专业的Web技术教程和愉悦的学习体验。每一个教程、每一篇文章甚至每一个知识点，都体现绿叶精益求精的态度。没有最好，但是我们可以做到更好！</p>
            </div>
        </body>
    </html>
```

默认情况下，预览效果如图 8-10（a）所示。当我们点击 h3 元素后，p 元素会向下滑动，预览效果如图 8-10（b）所示。然后再次点击 h3 元素后，p 元素会向上滑动，恢复到最初的样子。

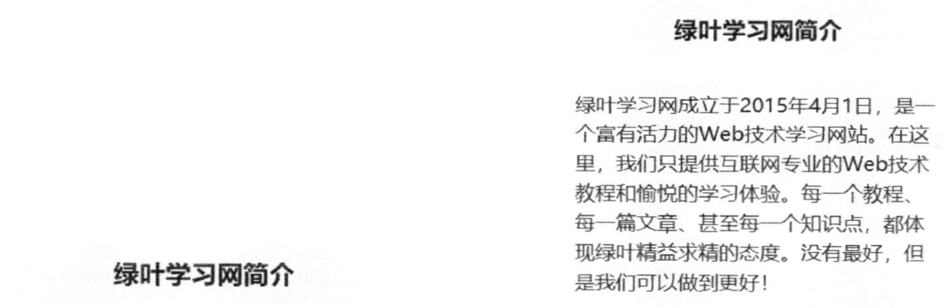

（a）默认效果　　　　　　　　　　　　　（b）点击标题后的效果

图 8-10　slideToggle() 方法的效果

▎ **分析**

对于滑动效果，如果使用 slideUp() 和 slideDown() 方法来实现，我们需要定义一个变量来标识滑动状态。如果使用 slideToggle() 方法来实现，则不需要多此一举。

8.5　自定义动画

在之前的章节中，我们接触了 3 种动画类型：显示与隐藏、淡入与淡出、滑上和滑下。实际上，我们还经常看到其他动画形式，例如一个元素不断移动、一个元素不断扩大等。像这些动画，单纯使用之前那 3 种动画类型就无法实现了。

为了满足实际开发中各种动画设计的需求，jQuery 为我们提供了一种"自定义动画"的解决方案。对于自定义动画，我们分为以下 3 个方面来介绍。

- 简单动画。
- 累积动画。
- 回调函数。

8.5.1 简单动画

在 jQuery 中,对于自定义动画,我们都是使用 animate() 方法来实现的。

▌语法

```
$().animate(params, speed, fn)
```

▌说明

params 是一个必选参数,表示属性值列表,也就是元素在动画中变化的属性列表。

speed 是一个可选参数,表示动画的速度,单位为毫秒,默认为 400 毫秒。如果省略参数,则表示采用默认速度。

fn 也是一个可选参数,表示动画执行完成后的回调函数。

▌举例

```
<!DOCTYPE html>
<html>
<head>
    <meta charset="utf-8" />
    <title></title>
    <style type="text/css">
        div
        {
            width:50px;
            height:50px;
            background-color:lightskyblue;
        }
    </style>
    <script src="js/jquery-1.12.4.min.js"></script>
    <script>
        $(function () {
            $("div").click(function () {
                $(this).animate({ "width": "150px", "height": "150px" }, 1000);
            })
        })
    </script>
</head>
<body>
    <div></div>
</body>
</html>
```

默认情况下,预览效果如图 8-11 所示。我们点击 div 元素后,预览效果如图 8-12 所示。

图 8-11　默认效果　　　　　图 8-12　点击 div 元素后的效果

▼ 分析

从上面例子可以看出，animate() 方法的参数 params 采用的是"键值对"形式，语法如下。

{"属性1"："取值1"，"属性2":"取值2", ... , "属性n"："取值n"}

在上面例子的基础上，如果还想同时使得背景颜色变为红色，我们很自然地写下了如下代码。

```
$("div").click(function () {
    $(this).animate({ "width": "150px", "height": "150px" , "background-color": "red" }, 1000);
})
```

当我们测试时，背景颜色居然没有改变？！再检查一遍代码，也没发现有什么错误啊！这究竟是怎么回事呢？其实你没错，是 jQuery 错了！什么？jQuery 自己都有错？作者你逗我？

实际上，jQuery 本身有一个缺陷，就是使用 animate() 方法时会无法识别 background-color、border-color 等颜色属性。因此，我们需要引入第三方插件 jquery.color.js 来修复这个 bug。对于 jquery.color.js，本书配套源代码里面有，小伙伴们可以去下载。

▼ 举例：引入 jquery.color.js

```
<!DOCTYPE html>
<html>
<head>
    <meta charset="utf-8" />
    <title></title>
    <style type="text/css">
        div
        {
            width:50px;
            height:50px;
            background-color:lightskyblue;
        }
    </style>
    <script src="js/jquery-1.12.4.min.js"></script>
    <script src="js/jquery.color.js"></script>
    <script>
        $(function () {
            $("div").click(function () {
                $(this).animate({ "width": "150px", "height": "150px" , "background-color": "red" }, 1000);
            })
        })
    </script>
```

```
</head>
<body>
    <div></div>
</body>
</html>
```

默认情况下，预览效果如图 8-13 所示。我们点击 div 元素后，此时预览效果如图 8-14 所示。

图 8-13　默认效果　　　　图 8-14　点击 div 元素后的效果

▎ 分析

这里大家要注意一点，由于 jquery.color.js 是依赖 jQuery 库存在的，因此 jquery.color.js 文件必须在 jquery 库文件后面引入，不然就无法生效。实际上，你可以把 jquery.color.js 看成是一个 jQuery 插件，这样更好理解。

8.5.2　累积动画

在 jQuery 中，对于元素的宽度和高度，我们可以结合"+="和"-="这两个运算符来实现累积动画的效果。

举个例子，{"width": "+=100px"} 表示以元素本身的 width 为基点加上 100px，而 {"width": "-=100px"} 表示以元素本身的 width 为基点减去 100px。

▎ 举例

```
<!DOCTYPE html>
<html>
<head>
    <meta charset="utf-8" />
    <title></title>
    <style type="text/css">
        div
        {
            width:50px;
            height:50px;
            background-color:lightskyblue;
        }
    </style>
    <script src="js/jquery-1.12.4.min.js"></script>
    <script>
        $(function () {
            //简单动画
            $("#btn1").click(function () {
```

```
                $("#box1").animate({ "width": "100px", "height": "100px" }, 1000);
            })
            //累积动画
            $("#btn2").click(function () {
                $("#box2").animate({ "width": "+=100px", "height": "+=100px" }, 1000);
            })
        })
    </script>
</head>
<body>
    <div id="box1"></div>
    <input id="btn1" type="button" value="简单动画" /><br />
    <div id="box2"></div>
    <input id="btn2" type="button" value="累积动画" />
</body>
</html>
```

默认情况下，预览效果如图 8-15 所示。我们点击两个按钮后，此时预览效果如图 8-16 所示。

图 8-15　默认效果

图 8-16　点击两个按钮后的效果

▼ 分析

animate({ "width": "100px", "height": "100px" }, 1000) 使用的是简单动画形式，因此元素最终的 width 为 100px，height 为 100px。

animate({ "width": "+=100px", "height": "+=100px" }, 1000) 使用的是累积动画形式，因此元素最终的 width 为 150px，height 为 150px。

从这个例子我们可以看出，简单动画形式只是给定了元素属性的最终值，而累积动画形式是在元素原来值的基础上增加或减少。

此外在这个例子中，我们多次点击【累积动画】按钮后，会发现这个动画效果会不断累积，小伙伴们可以自行测试。

8.5.3 回调函数

在介绍回调函数之前,我们先来看这样一个效果:元素的动画执行完成后,再用 css() 方法为元素添加一个边框。

▼ 举例

```
<!DOCTYPE html>
<html>
<head>
    <meta charset="utf-8" />
    <title></title>
    <style type="text/css">
        div
        {
            width:50px;
            height:50px;
            background-color:lightskyblue;
        }
    </style>
    <script src="js/jquery-1.12.4.min.js"></script>
    <script>
        $(function () {
            $("div").click(function () {
                $(this).animate({ "width": "150px", "height": "150px" }, 1000).css("border", "1px solid red");
            })
        })
    </script>
</head>
<body>
    <div></div>
</body>
</html>
```

默认情况下,预览效果如图 8-17 所示。当我们点击 div 元素后,预览效果如图 8-18 所示。

图 8-17　默认效果　　　　　图 8-18　点击 div 元素后的效果

▼ 分析

我们可以发现,点击的一瞬间,元素就已经被添加了边框。也就是说,animate() 方法才刚刚执行，css() 方法也一起被执行了。这个与我们预期的效果完全不一样。因为我们想要的效果是 animate() 方法执行完成后，才去执行 css() 方法。

出现这种情况的根本原因在于 css() 方法并不会加入"动画队列"中，而是立即被执行了。在 jQuery 中，如果想要在动画执行完成后再执行某些操作，我们就需要用到 animate() 方法中的回调函数。

▌ 举例：回调函数

```html
<!DOCTYPE html>
<html>
<head>
    <meta charset="utf-8" />
    <title></title>
    <style type="text/css">
        div
        {
            width:50px;
            height:50px;
            background-color:lightskyblue;
        }
    </style>
    <script src="js/jquery-1.12.4.min.js"></script>
    <script>
        $(function () {
            $("div").click(function () {
                $(this).animate({ "width": "150px", "height": "150px" }, 1000, function(){
                    $(this).css("border", "2px solid red");
                });
            })
        })
    </script>
</head>
<body>
    <div></div>
</body>
</html>
```

默认情况下，预览效果如图 8-19 所示。我们点击 div 元素后，此时预览效果如图 8-20 所示。

图 8-19　默认效果

图 8-20　点击 div 元素后的效果

▌ 分析

使用回调函数，可以使得在动画执行完成之后，再执行某些操作。并不是只有 animate() 方法才有回调函数，实际上所有 jQuery 动画的方法都有回调函数，之前小伙伴们也接触过不少了。不过，回调函数在 jQuery 动画中用得不多，大家了解一下即可。

8.6 队列动画

```
$("div").click(function(){
    $(this).animate({"width":"100px",height:"100px"});
})
```

在上面这段代码实现的动画中，元素的 width 和 height 是同时改变的。如果我们想要"先"改变宽度，"后"改变高度，上面这段代码就没办法实现了，而需要借助队列动画才可以实现。

在 jQuery 中，队列动画指的是元素按照一定的顺序来执行多个动画效果。

▌ 语法

```
$().animate().animate().……animate()
```

▌ 说明

队列动画，其实就是按照 animate() 方法调用的先后顺序来实现的，原理非常简单。

▌ 举例：队列动画

```html
<!DOCTYPE html>
<html>
<head>
    <meta charset="utf-8" />
    <title></title>
    <style type="text/css">
        div
        {
            width:50px;
            height:50px;
            background-color:lightskyblue;
        }
    </style>
    <script src="js/jquery-1.12.4.min.js"></script>
    <script>
        $(function () {
            $("div").click(function () {
                $(this).animate({ "width": "150px"}, 1000).animate({ "height": "150px" }, 1000);
            })
        })
    </script>
</head>
<body>
    <div></div>
</body>
</html>
```

默认情况下，预览效果如图 8-21 所示。我们点击 div 元素后，div 元素会经历 2 个阶段的动画：

首先宽度在 1 秒钟内由 50px 变成 150px，此时效果如图 8-22（a）所示；然后高度在 1 秒钟内由 50px 变成 150px，此时效果如图 8-22（b）所示。

图 8-21　默认效果　　　　　　（a）宽度改变后的效果　　（b）高度改变后的效果

图 8-22　div 元素经历的 2 个阶段的动画

▼ 分析

在这个例子中，元素会先改变宽度，然后改变高度。也就是执行完第一个 animate() 方法后，才会去执行第二个 animate() 方法。

▼ 举例：复杂的队列动画

```
<!DOCTYPE html>
<html>
<head>
    <meta charset="utf-8" />
    <title></title>
    <style type="text/css">
        div
        {
            width:50px;
            height:50px;
            background-color:lightskyblue;
        }
    </style>
    <script src="js/jquery-1.12.4.min.js"></script>
    <script>
        $(function () {
            $("div").click(function () {
                $(this).animate({ "width": "150px", "height": "150px"}, 1000).fadeOut(1000).fadeIn(1000);
            })
        })
    </script>
</head>
<body>
    <div></div>
</body>
</html>
```

默认情况下，浏览器效果如图8-23所示。我们点击div元素后，div元素会经历3个阶段的动画：首先改变宽度和高度，接着淡出消失，再接着淡入出现。最终效果如图8-24所示。

图8-23　默认效果　　　　　图8-24　最终效果

▌ 分析

这里实现了一个比较复杂的队列动画效果：第1个动画是用animate()方法改变元素的宽和高，第2个动画是用fadeOut()方法实现元素的淡出效果，第3个动画是用fadeIn()方法实现元素的淡入效果。

可能小伙伴会问："队列动画不是按animate()方法的先后顺序执行的吗？为什么像fadeOut()、fadeIn()方法也能加入到动画队列中呢？"这是因为fadeOut()、fadeIn()方法也属于动画，本质上也是使用animate()来实现的。

在jQuery中，队列动画可以是任何动画形式，包括以下4种。

- 显示与隐藏。
- 淡入与淡出。
- 滑上与滑下。
- 自定义动画。

8.7　停止动画

在jQuery中，我们可以使用stop()方法来停止元素正在执行的动画效果。

▌ 语法

```
$().stop(stopAll, goToEnd)
```

▌ 说明

stopAll和goToEnd都是可选参数，它们的取值都是布尔值，默认值都是false。

- stopAll表示停止队列动画。当取值为false时，仅停止当前动画；当取值为true时，停止当前动画以及后面所有的队列动画。
- goToEnd表示将动画跳转到当前动画效果的最终状态。

其中，stop()方法共有4种形式，如表8-8所示。

表 8-8　stop() 方法的 4 种形式

形式	说明
stop()	等价于 stop(false, false)，仅停止当前动画，后面的动画还可以继续执行
stop(true)	等价于 stop(true,false)，停止当前动画，并且停止后面的动画
stop(true, true)	当前动画继续执行，只停止后面的动画
stop(false, true)	停止当前动画，跳到最后一个动画，并且执行最后一个动画

一般来说，在实际开发中我们只会用到 stop() 方法的第 1 个参数，很少用到第 2 个参数。

▌ 举例

```
<!DOCTYPE html>
<html>
<head>
    <meta charset="utf-8" />
    <title></title>
    <style type="text/css">
        div
        {
            width:50px;
            height:50px;
            background-color:lightskyblue;
        }
    </style>
    <script src="js/jquery-1.12.4.min.js"></script>
    <script src="js/jquery.color.js"></script>
    <script>
        $(function () {
            $("#btn-start").click(function () {
                $("div").animate({ "width": "200px" }, 2000)
                    .animate({ "background-color": "red" }, 2000)
                    .animate({ "height": "200px" }, 2000)
                    .animate({ "background-color": "blue" }, 2000);
            });
            $("#btn-stop").click(function () {
                $("div").stop();
            })
        })
    </script>
</head>
<body>
    <input id="btn-start" type="button" value="开始" />
    <input id="btn-stop" type="button" value="停止" /><br />
    <div></div>
</body>
</html>
```

预览效果如图 8-25 所示。

图 8-25　停止动画的效果

▌分析

在这个例子中，我们使用 animate() 方法定义了 4 个动画。我们点击【开始】按钮后，过了一会儿如果再点击【停止】按钮，就会立即停止当前执行的动画（也就是停止当前的 animate() 方法），然后跳到下一个动画（也就是下一个 animate() 方法）。如果再次点击【停止】按钮，它又会跳到下一个动画，以此类推。小伙伴们可以自行测试来感受一下。

如果想要停止所有的队列动画，可以通过定义 stop() 方法的第一个参数为 true 来实现，代码如下。

```
$("#btn-stop").click(function () {
    $("div").stop(true);
})
```

▌举例

```
<!DOCTYPE html>
<html>
<head>
    <meta charset="utf-8" />
    <title></title>
    <style type="text/css">
        div
        {
            width:50px;
            height:50px;
            background-color:lightskyblue;
        }
    </style>
    <script src="js/jquery-1.12.4.min.js"></script>
    <script>
        $(function () {
            $("div").hover(function () {
                $(this).animate({ "height": "150px" }, 500);
            }, function () {
                $(this).animate({ "height": "50px" }, 500); //移出时返回原状态
            })
        })
    </script>
</head>
<body>
    <div></div>
</body>
</html>
```

预览效果如图 8-26 所示。

图 8-26　动画累积的效果

▌ 分析

在这个例子中，我们使用 hover() 方法定义鼠标指针移入和鼠标指针移出时的动画效果。当我们快速地移入或移出元素时，会发现一个很奇怪的 bug：元素会不断地变长或变短！也就是说，动画会不断执行，根本停不下来。

这种"根本停不下来"的 bug 在实际开发中经常会碰到，小伙伴们一定要特别注意。实际上，这个 bug 是由动画累积所导致的。在 jQuery 中，如果一个动画没有执行完，它就会被添加到"动画队列"中去。在这个例子中，每一次移入或移出元素，都会产生一个动画，如果该动画没有被执行完，它就会被添加到动画队列中去，然后没有被执行完的动画会继续执行，直到所有动画执行完毕。

针对这个 bug，我们只需要在移入或移出元素产生的动画执行之前加入 stop() 方法，就能轻松解决。最终修改后的代码如下。

```
$("div").hover(function () {
    $(this).stop().animate({ "height": "150px" }, 500);
}, function () {
    $(this).stop().animate({ "height": "50px" }, 500);      //移出时返回原状态
})
```

对于这种由于动画累积产生的 bug，我们还可以通过 is(":animated") 来判断当前的动画状态并解决。对于 is(":animated") 这种方式，我们在后面"8.9　判断动画状态"这一节会详细给大家介绍。

实际上，jQuery 还有一个方法可以中断动画——finish()。这个方法与 stop(true, true) 方法效果类似，因为它会清除排队的动画并使当前动画跳到最终值。不过，与 stop(true, true) 不同的是，它会使所有排队的动画都跳到各自的最终值。finish() 方法用得不多，我们简单了解一下即可。

8.8　延迟动画

在 jQuery 中，我们可以使用 delay() 方法来延迟动画的执行。

▌ 语法

```
$().delay(speed)
```

▌ 说明

speed 是一个必选参数，表示动画的速度，单位为毫秒。

▌ 举例

```
<!DOCTYPE html>
<html>
<head>
    <meta charset="utf-8" />
    <title></title>
```

```
<style type="text/css">
    div
    {
        width:50px;
        height:50px;
        background-color:lightskyblue;
        margin-top: 6px;
    }
</style>
<script src="js/jquery-1.12.4.min.js"></script>
<script>
    $(function () {
        $("div").click(function () {
            $(this).animate({ "width": "150px" }, 1000)
                .delay(2000)
                .animate({ "height": "150px" }, 1000);
        });
    })
</script>
</head>
<body>
    <div></div>
</body>
</html>
```

预览效果如图 8-27 所示。

图 8-27　预览效果

▌ 分析

在这个例子中，我们定义了两个动画。在第 1 段动画之后使用 delay() 方法来延迟 2 秒（即 2000 毫秒），然后执行第 2 段动画。

8.9　判断动画状态

之前在"8.7　停止动画"这一节中，我们接触了 jQuery 动画中最常见的一个 bug，也和大家详细探讨了这个 bug 产生的根本原因以及解决方法。实际上，除了 stop() 方法，我们还可以使用 is() 方法来解决这个 bug。

在 jQuery 中，我们可以使用 is() 方法来判断元素是否正处于动画状态。如果元素不处于动画状态，则添加新的动画；如果元素正处于动画状态，则不添加新的动画。

▌ 语法

```
if(!$().is(":animated"))
{
    //如果元素不处于动画状态，则添加新的动画
}
```

▌说明

:animated 是一个伪类选择器，表示选取所有正在执行动画的元素，我们在"3.8 其他伪类选择器"这一节中已经介绍过了。

▌举例

```html
<!DOCTYPE html>
<html>
<head>
    <meta charset="utf-8" />
    <title></title>
    <style type="text/css">
        figure
        {
            position:relative;      /*设置相对定位属性，以便定位子元素*/
            width:240px;
            height:200px;
            overflow: hidden;
        }
        img
        {
            width:240px;
            height:200px;
        }
        figcaption
        {
            position:absolute;
            left:0;
            bottom:-30px;
            width:100%;
            height:30px;
            line-height:30px;
            text-align:center;
            font-family:"微软雅黑";
            background-color:rgba(0,0,0,0.6);
            color:white;
        }
    </style>
    <script src="js/jquery-1.12.4.min.js"></script>
    <script>
        $(function () {
            $("figure").hover(function () {
                if (!$(">figcaption", this).is(":animated")) {
                    $(">figcaption", this).animate({ "bottom": "0px" }, 200);
                }
            }, function () {
                if (!$(">figcaption", this).is(":animated")) {
                    $(">figcaption", this).animate({ "bottom": "-30px" }, 200);
                }
            })
```

```
                })
            </script>
        </head>
        <body>
            <figure>
                <img src="img/ciri.png" alt="">
                <figcaption>《巫师3》之希里</figcaption>
            </figure>
        </body>
    </html>
```

默认情况下，预览效果如图 8-28 所示。当鼠标指针移到图片上时，预览效果如图 8-29 所示。

图 8-28　默认效果　　　　　　　　　　图 8-29　鼠标指针移到图片上时的效果

▌ 分析

在这个例子中，$(">figcaption", this) 表示选取当前元素下面的子元素 figcaption，它其实可以等价于 $("figure>figcaption")。这种写法是 jQuery 的高级技巧，它其实借助了 $() 方法的第 2 个参数，当然我们在后续章节中会详细介绍。

此外，在实际开发中，is(":animated") 比 stop() 方法更加容易理解，也更加常用。

8.10　深入了解 jQuery 动画

在之前的学习中，我们接触了以下 4 种 jQuery 动画形式。
- 显示与隐藏。
- 淡入与淡出。
- 滑上与滑下。
- 自定义动画。

所有 jQuery 动画从本质上来说，都是通过改变元素的 CSS 属性值来实现的。换句话说，jQuery 动画其实就是通过将元素的 CSS 属性从"**一个值**"在一定时间内平滑地过渡到"**另一个值**"，从而实现动画效果。

对于前 3 种动画形式，实现的原理如下。
- 显示与隐藏：通过改变 display、opacity、width、height 来实现。

- 淡入与淡出：通过改变 display、opacity 来实现。
- 滑上与滑下：通过改变 display、height 来实现。

实际上，这 3 种动画形式就是使用 animate() 方法来实现的，只不过 jQuery 把它们封装得更加简单而已。

在下面 3 组代码中，每一组的两行代码其实都是等价的。

- 第 1 组。

```
$().hide(500);
$().animate({"width":"0", "height":"0", "opacity":"0.0", "display":"none"},500);
```

- 第 2 组。

```
$().fadeOut(500);
$().animate({"opacity":"0.0", "display":"none"},500);
```

- 第 3 组。

```
$().slideUp(500);
$().animate({"height":"0", "display":"none"},500);
```

在实际开发中，由于前 3 种动画形式都属于内置动画，它们的使用有很大的限制，因此我们更倾向于使用"自定义动画"的形式来实现各种动画效果。

通过深入剖析 jQuery 动画的本质，可能很多小伙伴都会有"柳暗花明又一村"的感觉。在学习过程中，只有深入探析技术的本质，才能让我们对知识的理解和记忆更加深刻。也只有这样，才能让我们的技术水平更上一层楼。如果只知其然而不知其所以然，技术就可能永远卡在某个瓶颈。在这一点上，笔者有过非常深刻的体会。

8.11 本章练习

单选题

1. 如果想要实现元素的淡出效果，应该使用（　　）方法来实现。
   A．fadeIn()　　　　B．fadeToggle()　　　　C．fadeOut()　　　　D．fadeTo()
2. 如果想要解决 jQuery 动画"根本停不下来"的 bug，可以使用（　　）方法来实现。（选两项）
   A．stop()　　　　B．is()　　　　C．delay()　　　　D．animate()
3. 下面有关 jQuery 动画的说法中，不正确的是（　　）。
   A．show()、hide()、fadeIn() 等的动画效果都可以使用 animate() 来实现
   B．只有使用 animate() 实现的动画会加入队列动画中，使用 fadeIn()、fadeOut() 等实现的动画不会
   C．slideUp() 和 slideDown() 这两个方法改变的是元素的 display、height
   D．所有 jQuery 动画从本质上来说，都是通过改变元素的 CSS 属性值来实现的

第 9 章 过滤方法

9.1 jQuery 过滤方法简介

在之前的学习中，我们接触了大量的选择器，包括基本选择器、伪类选择器等。为了更加方便和快速地操作元素，除了选择器之外，jQuery 还为我们提供了以"方法（类似于函数方法）"形式存在的两种方式：过滤方法和查找方法。

过滤方法和查找方法与之前学习的选择器之间是互补的关系，它们补充了很多使用选择器无法进行的操作，例如选取当前元素的父元素、获取当前元素的子元素、判断当前元素是否处于动画状态等。

在这一章中，我们先来学习过滤方法。在 jQuery 中，常见的过滤方法有以下 5 种。
- 类名过滤：hasClass()。
- 下标过滤：eq()。
- 判断过滤：is()。
- 反向过滤：not()。
- 表达式过滤：filter()、has()。

这些过滤方法与选择器的功能相似，也起到了选择元素的作用。只不过过滤方法是以"方法"的形式来发挥功能，与选择器形式不一样。

9.2 类名过滤：hasClass()

类名过滤，指的是根据元素的 class 来过滤。在 jQuery 中，我们可以使用 hasClass() 方法来实现类名过滤。

▌ 语法

```
$().hasClass("类名")
```

▋ 说明

hasClass() 方法一般用于判断元素是否包含指定的类名：如果包含，则返回 true；如果不包含，则返回 false。

▋ 举例

```html
<!DOCTYPE html>
<html>
<head>
    <meta charset="utf-8" />
    <title></title>
    <script src="js/jquery-1.12.4.min.js"></script>
    <script>
        $(function () {
            $("li").each(function(){
                var bool = $(this).hasClass("select");
                if(bool){
                    $(this).css("color", "red");
                }
            })
        })
    </script>
</head>
<body>
    <ul>
        <li>HTML</li>
        <li>CSS</li>
        <li>JavaScript</li>
        <li class="select">jQuery</li>
        <li>Vue.js</li>
    </ul>
</body>
</html>
```

预览效果如图 9-1 所示。

- HTML
- CSS
- JavaScript
- jQuery ←
- Vue.js

图 9-1 hasClass()、方法的效果

▋ 分析

$(this).hasClass("select") 用于判断当前的 li 元素是否包含类名"select"。这里大家要注意一下，hasClass() 方法一般是用来实现判断操作的。

9.3 下标过滤：eq()

下标过滤，指的是根据元素集合的下标来过滤。在 jQuery 中，我们可以使用 eq() 方法来实现下标过滤。

▌ **语法**

```
$().eq(n)
```

▌ **说明**

n 是一个整数。当 n 取值为 0 或正整数时，eq(0) 获取的是第 1 个元素，eq(1) 获取的是第 2 个元素，……，以此类推。

当 n 取值为负整数时，eq(-1) 获取的是倒数第 1 个元素，eq(-2) 获取的是倒数第 2 个元素，……，以此类推。

▌ **举例**

```html
<!DOCTYPE html>
<html>
<head>
    <meta charset="utf-8" />
    <title></title>
    <script src="js/jquery-1.12.4.min.js"></script>
    <script>
        $(function () {
            $("li").eq(3).css("color", "red");
        })
    </script>
</head>
<body>
    <ul>
        <li>HTML</li>
        <li>CSS</li>
        <li>JavaScript</li>
        <li>jQuery</li>
        <li>Vue.js</li>
    </ul>
</body>
</html>
```

预览效果如图 9-2 所示。

- HTML
- CSS
- JavaScript
- jQuery ←
- Vue.js

图 9-2 eq() 方法的效果

▌分析

eq() 方法的下标是从 0 开始的，第 1 个 li 元素的下标是 0，第 2 个 li 元素的下标是 1，……，第 n 个元素的下标是 n-1。因此，$("li").eq(3) 表示选取第 4 个 li 元素。

```
$("li").eq(3).css("color", "red");
```

实际上，eq() 方法和 :eq() 选择器是非常相似的，上面这段代码可以等价于：

```
$("li:eq(3)").css("color", "red");
```

小伙伴们就会问了："明明都有一个 :eq() 选择器了，为什么还要弄一个 eq() 方法出来呢？"实际上，选择器的形式是固定的，在某些情况下使用效果会不佳，而过滤方法可以让我们更加灵活地操作元素。换一句话来说：过滤方法其实就是对选择器的一种补充。对于过滤方法的优势，我们在实践的时候会慢慢见识到。

9.4 判断过滤：is()

判断过滤，指的是根据某些条件进行判断，然后选取符合条件的元素。在 jQuery 中，我们可以使用 is() 方法来实现判断过滤。

▌语法

```
$().is(selector)
```

▌说明

参数 selector 是一个选择器。is() 方法用于判断在当前选择的元素集合中是否存在符合条件的元素：如果存在，则返回 true；如果不存在，则返回 false。

is() 方法非常好用，能不能用好也直接决定你的代码是否高效。使用 jQuery 进行开发，没有做不到的，只有想不到的。下面列出的是 is() 方法的常用功能代码。

```
//判断元素是否可见
$().is(":visible")

//判断元素是否处于动画中
$().is(":animated")

//判断单选框或复选框是否被选中
$().is(":checked")

//判断当前元素是否为第一个子元素
$(this).is(":first-child")

//判断文本中是否包含 jQuery 这个词
$().is(":contains('jQuery')")

//判断是否包含某些类名
$().is(".select")
```

▌ 举例：判断复选框是否被选中

```html
<!DOCTYPE html>
<html>
<head>
    <meta charset="utf-8" />
    <title></title>
    <script src="js/jquery-1.12.4.min.js"></script>
    <script>
        $(function () {
            $("#selectAll").change(function(){
                var bool = $(this).is(":checked");
                if(bool){
                    $(".fruit").prop("checked","true");
                }else{
                    $(".fruit").removeProp("checked");
                }
            })
        })
    </script>
</head>
<body>
    <div>
        <p><label><input id="selectAll" type="checkbox"/>全选/反选：</label></p>
        <label><input type="checkbox" class="fruit" value="苹果" />苹果</label>
        <label><input type="checkbox" class="fruit" value="香蕉" />香蕉</label>
        <label><input type="checkbox" class="fruit" value="西瓜" />西瓜</label>
    </div>
</body>
</html>
```

预览效果如图 9-3 所示。

图 9-3 判断复选框是否被选中的效果

▌ 分析

$(this).is(":checked") 用于判断当前复选框是否被选中。当【全选/反选：】复选框被选中时，下面所有复选框都会被选中。再次点击【全选/反选：】复选框，此时下面所有复选框又会被取消选中。

▌ 举例：判断是否存在某个类名

```html
<!DOCTYPE html>
<html>
<head>
    <meta charset="utf-8" />
    <title></title>
```

```
            <script src="js/jquery-1.12.4.min.js"></script>
            <script>
                $(function () {
                    $("li").each(function () {
                        var bool = $(this).is(".select");
                        if (bool) {
                            $(this).css("color", "red");
                        }
                    })
                })
            </script>
        </head>
        <body>
            <ul>
                <li>HTML</li>
                <li>CSS</li>
                <li>JavaScript</li>
                <li class="select">jQuery</li>
                <li>Vue.js</li>
            </ul>
        </body>
    </html>
```

预览效果如图 9-4 所示。

- HTML
- CSS
- JavaScript
- jQuery ←
- Vue.js

图 9-4　判断是否存在某个类名的效果

▌ 分析

实际上，想要判断元素是否存在某个类名，我们有两种方法：一种是 hasClass() 方法，另一种是 is() 方法。在实际开发中，建议优先使用 hasClass() 方法。主要是从查找速度来看，hasClass() 方法远远优于 is() 方法。造成二者查找速度存在差异的原因很简单，is() 方法封装的东西比 hasClass() 方法封装的多得多，运行速度肯定也慢得多。

9.5　反向过滤：not()

从之前的学习中我们可以知道，hasClass()、is() 等方法都是过滤"符合条件"的元素。在 jQuery 中，我们还可以使用 not() 方法来过滤"不符合条件"的元素，并且返回余下符合条件的元素。

其中，not() 方法可以使用选择器来过滤，也可以使用函数来过滤。

▌ 语法

```
$().not(selector或fn)
```

▌ 说明

当 not() 方法参的数是一个选择器时,表示使用选择器来过滤不符合条件的元素,然后选取其余元素。

当 not() 方法的参数是一个函数时,表示使用函数来过滤不符合条件的元素,然后选取其余元素。

▌ 举例:选择器过滤

```
<!DOCTYPE html>
<html>
<head>
    <meta charset="utf-8" />
    <title></title>
    <script src="js/jquery-1.12.4.min.js"></script>
    <script>
        $(function () {
            $("li").not(".select").css("color", "red");
        })
    </script>
</head>
<body>
    <ul>
        <li>HTML</li>
        <li>CSS</li>
        <li>JavaScript</li>
        <li class="select">jQuery</li>
        <li>Vue.js</li>
    </ul>
</body>
</html>
```

预览效果如图 9-5 所示。

- HTML ←
- CSS ←
- JavaScript ←
- **jQuery**
- Vue.js ←

图 9-5　选择器过滤的效果

▌ 分析

$("li").not(".select") 表示选取除了 class 为 select 以外的所有 li 元素。实际上,下面两行代码是等价的。

```
$("li").not(".select").css("color", "red");
$("li:not(.select)"). css("color", "red");
```

not() 方法与 :not 选择器相似，这个与 eq() 方法和 :eq() 选择器相似是一样的道理。

▌ 举例：函数过滤

```html
<!DOCTYPE html>
<html>
<head>
    <meta charset="utf-8" />
    <title></title>
    <script src="js/jquery-1.12.4.min.js"></script>
    <script>
        $(function () {
            $("li").not(function(){
                return $(this).text() == "jQuery";
            }).css("color", "red");
        })
    </script>
</head>
<body>
    <ul>
        <li>HTML</li>
        <li>CSS</li>
        <li>JavaScript</li>
        <li>jQuery</li>
        <li>Vue.js</li>
    </ul>
</body>
</html>
```

预览效果如图 9-6 所示。

图 9-6　函数过滤的效果

▌ 分析

$("li").not(function(){return $(this).text() == "jQuery";}) 表示选取内部文本不是为"jQuery"的 li 元素。

9.6　表达式过滤：filter()、has()

表达式过滤，指的是采用"自定义表达式"的方式来选取符合条件的元素。这种自定义表达式可以是选择器，也可以是函数。

在 jQuery 中，表达式过滤共有两个方法：一个是 filter() 方法，另一个是 has() 方法。

9.6.1 filter()

在 jQuery 中，filter() 方法是功能相当强大的过滤方法，它可以使用选择器来过滤，也可以使用函数来过滤。

1. 选择器过滤

选择器过滤，指的是使用选择器来选取符合条件的元素。

▼ 语法

```
$().filter(selector)
```

▼ 说明

参数 selector 是一个选择器。

▼ 举例

```
<!DOCTYPE html>
<html>
<head>
    <meta charset="utf-8" />
    <title></title>
    <script src="js/jquery-1.12.4.min.js"></script>
    <script>
        $(function () {
            $("li").filter(".select").css("color", "red");
        })
    </script>
</head>
<body>
    <ul>
        <li>HTML</li>
        <li>CSS</li>
        <li>JavaScript</li>
        <li class="select">jQuery</li>
        <li>Vue.js</li>
    </ul>
</body>
</html>
```

预览效果如图 9-7 所示。

图 9-7　选择器过滤的效果

2. 函数过滤

函数过滤，指的是根据函数的返回值来选取符合条件的元素。

▌ 语法

`$().filter(fn)`

▌ 说明

参数 fn 是一个回调函数。

▌ 举例

```
<!DOCTYPE html>
<html>
<head>
    <meta charset="utf-8" />
    <title></title>
    <script src="js/jquery-1.12.4.min.js"></script>
    <script>
        $(function () {
            $("li").filter(function(){
                return $(this).text() == "jQuery";
            }).css("color", "red");
        })
    </script>
</head>
<body>
    <ul>
        <li>HTML</li>
        <li>CSS</li>
        <li>JavaScript</li>
        <li>jQuery</li>
        <li>Vue.js</li>
    </ul>
</body>
</html>
```

预览效果如图 9-8 所示。

- HTML
- CSS
- JavaScript
- jQuery ←
- Vue.js

图 9-8 函数过滤的效果

▌ 分析

$("li").filter(function(){return $(this).text() == "jQuery";}) 表示选取内部文本为"jQuery"的

li 元素。

filter() 方法非常强大，几乎把之前学过的过滤方法的功能都包含进去了。不过正是由于 filter() 方法内部封装的东西过多，导致运行速度非常慢。因此在实际开发中，建议大家优先考虑其他过滤方法，迫不得已时再用 filter() 方法。

9.6.2 has()

在 jQuery 中，表达式过滤除了可以使用 filter() 方法外，我们还可以使用 has() 方法。has() 方法虽然没有 filter() 方法那么强大，但是它的运行速度更快。

▼ 语法

```
$().has(selector)
```

▼ 说明

参数 selector 是一个选择器。

has() 方法与 filter() 方法功能相似，不过 has() 方法只能使用选择器来过滤，不能使用函数来过滤。因此我们可以把 has() 方法看成是 filter() 方法的精简版。

▼ 举例

```html
<!DOCTYPE html>
<html>
<head>
    <meta charset="utf-8" />
    <title></title>
    <script src="js/jquery-1.12.4.min.js"></script>
    <script>
        $(function () {
            $("li").has("span").css("color", "red");
        })
    </script>
</head>
<body>
    <ul>
        <li>HTML</li>
        <li>CSS</li>
        <li><span>JavaScript</span></li>
        <li><span>jQuery</span></li>
        <li>Vue.js</li>
    </ul>
</body>
</html>
```

预览效果如图 9-9 所示。

图 9-9 has() 方法的效果

▼ 分析

$("li").has("span") 表示选取内部含有 span 标签的 li 元素。此外，has() 方法类似于 :has() 选择器。

9.7 本章练习

单选题

1. 下面有关 jQuery 过滤方法的说法中，不正确的是（　　）。
    A. eq(1) 表示获取的是第 1 个元素，eq(n) 表示获取的是第 n 个元素
    B. $("li").eq(3) 可以等价于 $("li:eq(3)")
    C. hasClass() 用于判断元素是否包含指定的 class
    D. has() 方法可以看成是 filter() 方法的精简版
2. 如果想要找到表格中第 n 行的 tr 元素，应该使用（　　）方法来实现。
    A. text()   B. get()
    C. eq()   D. contents()

第 10 章 查找方法

10.1 jQuery 查找方法简介

为了更灵活地操作元素，除了选择器之外，jQuery 还为我们提供了以"方法"形式存在的两种方式：一种是"过滤方法"，另一种是"查找方法"。过滤方法和查找方法，其实就是对 jQuery 选择器的一种补充。

过滤方法，指的是对所选元素进一步地进行筛选。查找方法，主要是以当前所选元素为基点，找到这个元素的父元素、子元素或兄弟元素。

在 jQuery 中，对于查找方法，我们可以分为以下 3 种情况。
- 查找祖先元素。
- 查找后代元素。
- 查找兄弟元素。

10.2 查找祖先元素

在 jQuery 中，如果想要查找当前元素的祖先元素（父元素、爷元素等），我们有以下 3 种方法。
- parent()。
- parents()。
- parentsUntil()。

10.2.1 parent()

在 jQuery 中，我们可以使用 parent() 方法来查找当前元素的"父元素"。注意，每个元素只有一个父元素。

▌ 语法

`$.parent(selector)`

▌ 说明

selector 是一个可选参数，也是一个选择器，用来查找符合条件的父元素。当参数省略时，表示父元素不需要满足任何条件；当参数没有省略时，表示父元素需要满足条件。

▌ 举例：不带参数的 parent()

```html
<!DOCTYPE html>
<html>
<head>
    <meta charset="utf-8" />
    <title></title>
    <style type="text/css">
        table, tr, td{border:1px solid silver;}
        td
        {
            width:40px;
            height:40px;
            line-height:40px;
            text-align:center;
        }
    </style>
    <script src="js/jquery-1.12.4.min.js"></script>
    <script>
        $(function(){
            $("td").hover(function () {
                $(this).parent().css("background-color", "silver");
            }, function () {
                $(this).parent().css("background-color", "white");
            })
        })
    </script>
</head>
<body>
    <table>
        <tr>
            <td>2</td>
            <td>4</td>
            <td>8</td>
        </tr>
        <tr>
            <td>16</td>
            <td>32</td>
            <td>64</td>
        </tr>
        <tr>
            <td>128</td>
            <td>256</td>
```

```
            <td>512</td>
        </tr>
    </table>
</body>
</html>
```

默认情况下，预览效果如图 10-1 所示。当鼠标指针移到某一个单元格上时，预览效果如图 10-2 所示。

2	4	8
16	32	64
128	256	512

图 10-1　默认效果

2	4	8
16	32	64
128	256	512

图 10-2　鼠标指针移到单元格上时的效果

分析

$(this).parent() 表示选中当前 td 元素的父元素（tr），爷元素（table）不会被选中。

举例：带参数的 parent()

```
<!DOCTYPE html>
<html>
<head>
    <meta charset="utf-8" />
    <title></title>
    <style type="text/css">
        table, tr, td{border:1px solid silver;}
        td
        {
            width:40px;
            height:40px;
            line-height:40px;
            text-align:center;
        }
    </style>
    <script src="js/jquery-1.12.4.min.js"></script>
    <script>
        $(function(){
            $("td").hover(function () {
                $(this).parent(".select").css("background-color", "silver")
            }, function () {
                $(this).parent(".select").css("background-color", "white")
            })
        })
    </script>
</head>
<body>
```

```
            <table>
                <tr>
                    <td>2</td>
                    <td>4</td>
                    <td>8</td>
                </tr>
                <tr class="select">
                    <td>16</td>
                    <td>32</td>
                    <td>64</td>
                </tr>
                <tr>
                    <td>128</td>
                    <td>256</td>
                    <td>512</td>
                </tr>
            </table>
    </body>
</html>
```

默认情况下，预览效果如图 10-3 所示。当鼠标指针移到 class="select" 的 td 元素上时，预览效果如图 10-4 所示。

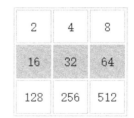

图 10-3　默认效果　　　　　　　图 10-4　鼠标指针移到 class="select" 的 td 元素上时的效果

▼ 分析

$(this).parent(".select") 表示选取当前 td 元素的父元素（tr），并且这个父元素必须含有类名"select"。

10.2.2　parents()

在 jQuery 中，我们可以使用 parents() 方法来查找当前元素的"祖先元素"。注意，每个元素可以有多个祖先元素。

parent() 和 parents() 这两个方法很好区分。其中，parent() 是单数，因此查找的元素只有一个，那就是父元素；parents() 是复数，因此查找的元素有多个，那就是所有的祖先元素（包括父元素、爷元素等）。

▼ 语法

```
$().parents(selector)
```

10.2 查找祖先元素

▌ 说明

selector 是一个可选参数,也是一个选择器,用来查找符合条件的祖先元素。当参数省略时,表示祖先元素不需要满足任何条件;当参数没有省略时,表示祖先元素需要满足条件。

▌ 举例:查找所有祖先元素

```
<!DOCTYPE html>
<html>
<head>
    <meta charset="utf-8" />
    <title></title>
    <script src="js/jquery-1.12.4.min.js"></script>
    <script>
        $(function(){
            var parents = $("span").parents();
            var result = [];
            $.each(parents, function(){
                var item = this.tagName.toLowerCase();
                result.push(item);
            });
            console.log(result.join(","));
        })
    </script>
</head>
<body>
    <div>
        <p>
            <strong>
                <span>绿叶学习网</span>
            </strong>
        </p>
    </div>
</body>
</html>
```

控制台输出结果如图 10-5 所示。

图 10-5　控制台信息

▌ 分析

$("span").parents() 返回的是一个 jQuery 对象集合,在这个例子中,我们使用 $.each() 来遍历 span 元素的所有祖先元素。对于 $.each() 方法,我们在后续章节会详细介绍。有些小伙伴就会问了:"获取元素的标签名,不是应该使用 $(this).tagName 吗?为什么这里使用的是 this.tagName 呢?"

$(this) 是 jQuery 对象，它调用的是 jQuery 的方法或属性，例如 click()、keyup() 等。this 是 DOM 对象，它调用的是 DOM 对象的方法或属性，例如 this.id、this.value 等。由于 tagName 属性属于 DOM 对象，所以我们这里使用的是 this.tagName。

10.2.3 parentsUntil()

在 jQuery 中，parentsUntil() 方法是 parents() 方法的一个补充，它可以查找"指定范围"中所有的祖先元素，相当于在 parents() 方法返回的集合中截取一部分。

▼ 语法

```
$().parentsUntil(selecotr)
```

▼ 说明

selector 是一个可选参数，也是一个选择器，用来选择符合条件的祖先元素。

▼ 举例

```
<!DOCTYPE html>
<html>
<head>
    <meta charset="utf-8" />
    <title></title>
    <script src="js/jquery-1.12.4.min.js"></script>
    <script>
        $(function(){
            var parents = $("span").parentsUntil("div");
            var result = [];

            $.each(parents, function(){
                var item = this.tagName.toLowerCase();
                result.push(item);
            });

            console.log(result.join(","));
        })
    </script>
</head>
<body>
    <div>
        <p>
            <strong>
                <span>绿叶学习网</span>
            </strong>
        </p>
    </div>
</body>
</html>
```

控制台输出结果如图 10-6 所示。

图 10-6　控制台信息

▶ 分析

在实际开发中，我们一般只会用到 parent() 和 parents() 这两个方法，极少用到 parentsUntil() 方法。因此对于 parentsUntil() 方法，我们了解一下即可。

10.3　查找后代元素

在 jQuery 中，如果想要查找当前元素的后代元素（子元素、孙元素等），我们有以下 3 种方法。
- children()。
- find()。
- contents()。

10.3.1　children()

在 jQuery 中，我们可以使用 children() 方法来查找当前元素的"子元素"。注意，children() 方法只能查找子元素，不能查找其他后代元素。

▶ 语法

```
$().children(selector)
```

▶ 说明

selector 是一个选择器，用来查找符合条件的子元素。selector 是一个可选参数，当参数省略时，表示选择所有子元素；当参数没有省略时，表示选择符合条件的子元素。

▶ 举例

```
<!DOCTYPE html>
<html>
<head>
    <meta charset="utf-8" />
    <title></title>
    <style lang="">
        p{margin:6px 0;}
    </style>
    <script src="js/jquery-1.12.4.min.js"></script>
    <script>
        $(function(){
            $("#wrapper").hover(function(){
                $(this).children(".select").css("color", "red");
```

```
            },function(){
                $(this).children(".select").css("color", "black");
            })
        })
    </script>
</head>
<body>
    <div id="wrapper">
        <p>子元素</p>
        <p class="select">子元素</p>
        <div>
            <p>孙元素</p>
            <p class="select">孙元素</p>
        </div>
        <p>子元素</p>
        <p class="select">子元素</p>
    </div>
</body>
</html>
```

默认情况下，预览效果如图 10-7 所示。当鼠标指针移到 id="wrapper" 的 div 元素上时，预览效果如图 10-8 所示。

图 10-7　默认效果　　　　图 10-8　鼠标指针移到 id="wrapper" 的 div 元素上时的效果

▼ 分析

$(this).children(".select") 表示获取当前元素下的 class="select" 的子元素。我们可以发现，class="select" 的孙元素不会被选中。

10.3.2　find()

在 jQuery 中，我们可以使用 find() 方法来查找当前元素的"后代元素"。注意，find() 方法不仅能查找子元素，还能查找其他后代元素。

▼ 语法

```
$().find(selector)
```

▼ 说明

selector 是一个可选参数，也是一个选择器，用来查找符合条件的后代元素。当参数省略时，表示选择所有后代元素；当参数没有省略时，表示选择符合条件的后代元素。

▌举例

```html
<!DOCTYPE html>
<html>
<head>
    <meta charset="utf-8" />
    <title></title>
    <style lang="">
        p{margin:6px 0;}
    </style>
    <script src="js/jquery-1.12.4.min.js"></script>
    <script>
        $(function(){
            $("#wrapper").hover(function(){
                $(this).find(".select").css("color", "red");
            },function(){
                $(this).find(".select").css("color", "black");
            })
        })
    </script>
</head>
<body>
    <div id="wrapper">
        <p>子元素</p>
        <p class="select">子元素</p>
        <div>
            <p>孙元素</p>
            <p class="select">孙元素</p>
        </div>
        <p>子元素</p>
        <p class="select">子元素</p>
    </div>
</body>
</html>
```

默认情况下，预览效果如图 10-9 所示。当鼠标指针移到 id="wrapper" 的 div 元素上时，预览效果如图 10-10 所示。

图 10-9　默认效果

图 10-10　鼠标指针移到 id="wrapper" 的 div 元素上时的效果

▌ 分析

$(this).find(".select") 表示不仅会选取当前元素下的 class="select" 的子元素，还会选取 class="select" 的孙元素。

10.3.3 contents()

在 jQuery 中，我们可以使用 contents() 方法来获取子元素及其内部文本。contents() 方法和 children() 方法相似，不同的是，contents() 返回的 jQuery 对象中不仅包含子元素，还包含文本内容；而 children() 方法返回的 jQuery 对象中只会包含子元素，不包含文本内容。

在实际开发中，我们极少会用到 contents() 方法，因此小伙伴们不需要深入了解，在这里简单认识一下即可。

10.4 向前查找兄弟元素

向前查找兄弟元素，指的是查找某个元素之前的兄弟元素。在 jQuery 中，对于向前查找兄弟元素，我们有以下 3 种方法。
- prev()。
- prevAll()。
- prevUntil()。

其中，兄弟元素指的是该元素在同一个父元素下的同级元素。

10.4.1 prev()

在 jQuery 中，我们可以使用 prev() 方法来查找某个元素前面"相邻"的兄弟元素。

▌ 语法

```
$().prev()
```

▌ 说明

大多数情况下，prev() 方法是不需要参数的。

▌ 举例

```
<!DOCTYPE html>
<html>
<head>
    <meta charset="utf-8" />
    <title></title>
    <script src="js/jquery-1.12.4.min.js"></script>
    <script>
        $(function(){
            $("#lvye").prev().css("color", "red");
```

```
        })
    </script>
</head>
<body>
    <ul>
        <li>红: red</li>
        <li>橙: orange</li>
        <li>黄: yellow</li>
        <li id="lvye">绿: green</li>
        <li>青: cyan</li>
        <li>蓝: blue</li>
        <li>紫: purple</li>
    </ul>
</body>
</html>
```

预览效果如图 10-11 所示。

- 红: red
- 橙: orange
- 黄: yellow
- 绿: green
- 青: cyan
- 蓝: blue
- 紫: purple

图 10-11　prev() 方法的效果

▎ 分析

$("#lvye").prev() 表示选取 id="lvye" 的元素前面相邻的兄弟元素，即"<li> 黄: yellow</li>"这一项。

10.4.2　prevAll()

在 jQuery 中，我们可以使用 prevAll() 方法来查找某个元素前面"所有"的兄弟元素。注意，prev() 只会查找前面相邻的兄弟元素，而 prevAll() 则会查找前面所有的兄弟元素。

▎ 语法

```
$().prevAll(selector)
```

▎ 说明

selector 是一个选择器，用来查找符合条件的兄弟元素。selector 是一个可选参数，当参数省略时，表示选择前面所有的兄弟元素；当参数没有省略时，表示选择前面满足条件的兄弟元素。

▎ 举例

```
<!DOCTYPE html>
<html>
```

```html
<head>
    <meta charset="utf-8" />
    <title></title>
    <script src="js/jquery-1.12.4.min.js"></script>
    <script>
        $(function(){
            $("#lvye").prevAll().css("color", "red");
        })
    </script>
</head>
<body>
    <ul>
        <li>红: red</li>
        <li>橙: orange</li>
        <li>黄: yellow</li>
        <li id="lvye">绿: green</li>
        <li>青: cyan</li>
        <li>蓝: blue</li>
        <li>紫: purple</li>
    </ul>
</body>
</html>
```

预览效果如图 10-12 所示。

图 10-12　prevAll() 方法的效果

▼ 分析

$("#lvye").prevAll() 表示选取 id="lvye" 的元素前面所有的兄弟元素。

10.4.3　prevUntil()

在 jQuery 中，prevUntil() 方法是对 prevAll() 方法的一个补充，它可以查找元素前面 "指定范围" 中所有的兄弟元素，相当于在 prevAll() 方法返回的集合中截取一部分。

▼ 语法

```
$().prevUntil(selector)
```

▼ 说明

selector 是一个可选参数，也是一个选择器，用来选择前面符合条件的兄弟元素。

▌ 举例

```
<!DOCTYPE html>
<html>
<head>
    <meta charset="utf-8" />
    <title></title>
    <script src="js/jquery-1.12.4.min.js"></script>
    <script>
        $(function(){
            $("#lvye").prevUntil("#end").css("color", "red");
        })
    </script>
</head>
<body>
    <ul>
        <li id="end">红: red</li>
        <li>橙: orange</li>
        <li>黄: yellow</li>
        <li id="lvye">绿: green</li>
        <li>青: cyan</li>
        <li>蓝: blue</li>
        <li>紫: purple</li>
    </ul>
</body>
</html>
```

预览效果如图 10-13 所示。

图 10-13　prevUntil() 方法的效果

▌ 分析

$("#lvye").prevUntil("#end") 表示以 id="lvye" 的元素为基点，向前找到 id="end" 的兄弟元素，然后选取这个范围之间所有的兄弟元素。

10.5　向后查找兄弟元素

向后查找兄弟元素，指的是查找某个元素之后的兄弟元素。在 jQuery 中，对于向后查找兄弟元素，我们有以下 3 种方法。

▶ next()。

- nextAll()。
- nextUntil()。

10.5.1 next()

在 jQuery 中，我们可以使用 next() 方法来查找某个元素后面"相邻"的兄弟元素。

▶ **语法**

```
$().next()
```

▶ **说明**

大多数情况下，next() 方法是不需要参数的。

▶ **举例**

```html
<!DOCTYPE html>
<html>
<head>
    <meta charset="utf-8" />
    <title></title>
    <script src="js/jquery-1.12.4.min.js"></script>
    <script>
        $(function(){
            $("#lvye").next().css("color", "red");
        })
    </script>
</head>
<body>
    <ul>
        <li>红: red</li>
        <li>橙: orange</li>
        <li>黄: yellow</li>
        <li id="lvye">绿: green</li>
        <li>青: cyan</li>
        <li>蓝: blue</li>
        <li>紫: purple</li>
    </ul>
</body>
</html>
```

预览效果如图 10-14 所示。

- 红: red
- 橙: orange
- 黄: yellow
- 绿: green
- 青: cyan
- 蓝: blue
- 紫: purple

图 10-14　next() 方法的效果

▼ 分析

$("#lvye").next() 表示选取 id="lvye" 的元素后面相邻的兄弟元素，即"<li> 青: cyan</li>"这一项。

10.5.2 nextAll()

在 jQuery 中，我们可以使用 nextAll() 方法来查找某个元素后面"所有"的兄弟元素。注意，next() 只会查找后面相邻的兄弟元素，而 nextAll() 则会查找后面所有的兄弟元素。

▼ 语法

```
$().nextAll(selector)
```

▼ 说明

selector 是一个选择器，用来查找符合条件的兄弟元素。selector 是一个可选参数，当参数省略时，表示选择后面所有的兄弟元素；当参数没有省略时，表示选择后面满足条件的兄弟元素。

▼ 举例

```
<!DOCTYPE html>
<html>
<head>
    <meta charset="utf-8" />
    <title></title>
    <script src="js/jquery-1.12.4.min.js"></script>
    <script>
        $(function(){
            $("#lvye").nextAll().css("color", "red");
        })
    </script>
</head>
<body>
    <ul>
        <li>红: red</li>
        <li>橙: orange</li>
        <li>黄: yellow</li>
        <li id="lvye">绿: green</li>
        <li>青: cyan</li>
        <li>蓝: blue</li>
        <li>紫: purple</li>
    </ul>
</body>
</html>
```

预览效果如图 10-15 所示。

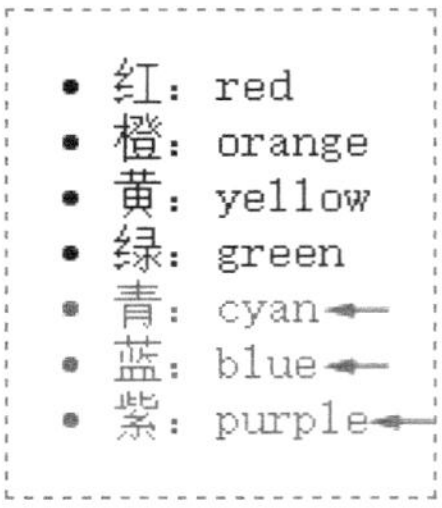

- 红：red
- 橙：orange
- 黄：yellow
- 绿：green
- 青：cyan ←
- 蓝：blue ←
- 紫：purple ←

图 10-15　nextAll() 方法的效果

▌ 分析

$("#lvye").nextAll() 表示选取 id="lvye" 的元素后面所有的兄弟元素。

10.5.3　nextUntil()

在 jQuery 中，nextUntil() 方法是对 nextAll() 方法的一个补充，它可以查找元素后面"指定范围"中所有的兄弟元素，相当于在 nextAll() 方法返回的集合中截取一部分。

▌ 语法

```
$().nextUntil(selector)
```

▌ 说明

selector 是一个选择器，用来选择后面符合条件的兄弟元素。selector 是一个可选参数。

▌ 举例

```
<!DOCTYPE html>
<html>
<head>
    <meta charset="utf-8" />
    <title></title>
    <script src="js/jquery-1.12.4.min.js"></script>
    <script>
        $(function(){
            $("#lvye").nextUntil("#end").css("color", "red");
        })
    </script>
</head>
<body>
    <ul>
        <li>红：red</li>
        <li>橙：orange</li>
        <li>黄：yellow</li>
        <li id="lvye">绿：green</li>
        <li>青：cyan</li>
        <li>蓝：blue</li>
        <li id="end">紫：purple</li>
```

```
        </ul>
    </body>
</html>
```

预览效果如图 10-16 所示。

- 红：red
- 橙：orange
- 黄：yellow
- 绿：green
- 青：cyan ←
- 蓝：blue ←
- 紫：purple

图 10-16　nextUntil() 方法的效果

▌分析

$("#lvye").nextUntil("#end") 表示以 id="lvye" 的元素为基点，向后找到 id="end" 的兄弟元素，然后选取这个范围之间所有的兄弟元素。

下面两组方法是相似的，小伙伴们应该多加对比，这样可以更好地理解和记忆。
- 向前查找兄弟元素：prev()、prevAll()、prevUntil()。
- 向后查找兄弟元素：next()、nextAll()、nextUntil()。

10.6　查找所有兄弟元素

在前两节中，我们学习了用于查找兄弟元素的两组方法。
- 向前查找兄弟元素：prev()、prevAll()、prevUntil()。
- 向后查找兄弟元素：next()、nextAll()、nextUntil()。

实际上，除了以上两组方法之外，jQuery 还为我们提供了另外一种不分前后的查找方法：siblings()。

▌语法

```
$().siblings(selector)
```

▌说明

selector 是一个选择器，用来查找符合条件的兄弟元素。selector 是一个可选参数，当参数省略时，表示选择所有兄弟元素；当参数没有省略时，表示选择满足条件的兄弟元素。

▌举例：不带参数的 siblings()

```
<!DOCTYPE html>
<html>
<head>
    <meta charset="utf-8" />
    <title></title>
```

```
        <script src="js/jquery-1.12.4.min.js"></script>
        <script>
            $(function(){
                $("#lvye").siblings().css("color", "red");
            })
        </script>
    </head>
    <body>
        <ul>
            <li>红: red</li>
            <li>橙: orange</li>
            <li>黄: yellow</li>
            <li id="lvye">绿: green</li>
            <li>青: cyan</li>
            <li>蓝: blue</li>
            <li>紫: purple</li>
        </ul>
    </body>
</html>
```

预览效果如图 10-17 所示。

图 10-17　不带参数的 siblings() 方法的效果

▶ 分析

$("#lvye").siblings() 表示选取 id="lvye" 的元素所有的兄弟元素，这里的兄弟元素是不分前后的。这里要注意一下，siblings() 方法选取的兄弟元素不包括元素本身。（难道你和你自己是兄弟关系？）

▶ 举例：带参数的 siblings()

```
<!DOCTYPE html>
<html>
<head>
    <meta charset="utf-8" />
    <title></title>
    <script src="js/jquery-1.12.4.min.js"></script>
    <script>
        $(function(){
            $("#lvye").siblings(".select").css("color", "red");
        })
    </script>
```

```
</head>
<body>
    <ul>
        <li>红: red</li>
        <li class="select">橙: orange</li>
        <li>黄: yellow</li>
        <li id="lvye">绿: green</li>
        <li>青: cyan</li>
        <li class="select">蓝: blue</li>
        <li>紫: purple</li>
    </ul>
</body>
</html>
```

预览效果如图 10-18 所示。

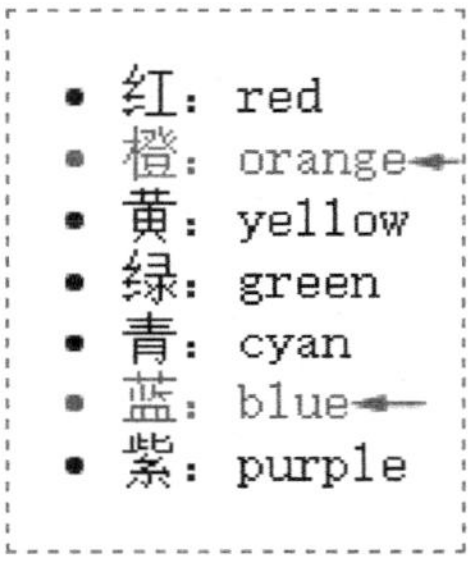

图 10-18　带参数的 siblings() 方法的效果

▌分析

$("#lvye").siblings(".select") 表示选取 id="lvye" 的元素所有符合条件（即 class="select"）的兄弟元素，这里的兄弟元素不分前后。

10.7　本章练习

单选题

1. 在 jQuery 中，如果想要查找某一个元素所有的兄弟元素，应该使用（　　）方法来实现。
   A. prev()　　　　　　　　　　　B. next()
   C. siblings()　　　　　　　　　D. prevAll()
2. 在 jQuery 中，如果想要查找当前元素所有的后代元素，应该使用（　　）方法来实现。
   A. children()　　　　　　　　　B. find()
   C. childrens()　　　　　　　　 D. contents()
3. 下面有关 jQuery 查找方法的说法中，不正确的是（　　）。
   A. children() 方法不仅可以查找子元素，还可以查找其他后代元素
   B. find() 方法可以查找所有的后代元素

C. next() 方法返回的是一个元素，nextAll() 方法返回的是一个集合

D. parent() 方法只能查找当前元素的"父元素"

4. 下面有一段代码，其中 $(".first").nextAll() 可以等价于（　　）。

```
<!DOCTYPE html>
<html>
<head>
    <meta charset="utf-8" />
    <title></title>
    <script src="js/jquery-1.12.4.min.js"></script>
    <script>
        $(function () {
            $(".first").nextAll().css("color","red");
        })
    </script>
</head>
<body>
    <ul>
        <li class="first"></li>
        <li class="second"></li>
        <li class="third"></li>
    </ul>
</body>
</html>
```

A. $(".first li")   B. $(".first>li")

C. $(".first~li")   D. $(".first+li")

第 11 章 工具函数

11.1 工具函数简介

工具函数，指的是在 jQuery 对象上定义的函数，属于全局性函数。简单来说，工具函数就是 jQuery 内置的一些函数，我们在实际开发中可以直接使用。

▌ 语法

```
$.函数名()
```

▌ 说明

jQuery 中所有工具函数都是采用以上方式来调用的。由于"$"等价于"jQuery"，所以"$.函数名()"还可以写成"jQuery.函数名()"。

在 jQuery 中，主要有以下 5 大类工具函数。

- ▶ 字符串操作。
- ▶ URL 操作。
- ▶ 数组操作。
- ▶ 对象操作。
- ▶ 检测操作。

其中，工具函数对应的官方地址是 http://api.jquery.com/category/utilities。工具函数有很多，不过在这一章中，我们只会介绍最常用的。想要深入学习的小伙伴们，很有必要到官网上面多看看。

11.2 字符串操作

有关字符串操作的工具函数，暂时只有一种，那就是 $.trim() 方法。在 jQuery 中，我们可以使用 $.trim() 方法来去除字符串首尾的空白字符。

语法

```
$.trim(str)
```

说明

$.trim() 方法是一个全局函数，应该使用 jQuery 对象直接调用。这个方法会返回去除空格后的字符串。

举例

```
<!DOCTYPE html>
<html>
<head>
    <meta charset="utf-8" />
    <title></title>
    <script src="js/jquery-1.12.4.min.js"></script>
    <script>
        $(function () {
            var str ="   绿叶，给你初恋般的感觉。   "
            console.log("开始长度:" + str.length);
            var str = $.trim(str);
            console.log("最终长度:" + str.length);
        })
    </script>
</head>
<body>
</body>
</html>
```

控制台输出结果如图 11-1 所示。

图 11-1　$.trim()

11.3　URL 操作

有关 URL 操作的工具函数，暂时也只有一种，那就是 $.param() 方法。在 jQuery 中，我们可以使用 $.param() 方法将数组或对象转化为字符串序列，以便用于 URL 查询字符串或 Ajax 请求。

语法

```
$.param(obj或array)
```

举例

```
<!DOCTYPE html>
<html>
```

```
<head>
    <meta charset="utf-8" />
    <title></title>
    <script src="js/jquery-1.12.4.min.js"></script>
    <script>
        $(function () {
            var person = {
                name:"helicopter",
                age:25
            }
            var str = $.param(person);
            console.log(str);
        })
    </script>
</head>
<body>
</body>
</html>
```

控制台输出结果如图 11-2 所示。

图 11-2 $.param()

▌分析

在这个例子中，我们使用 $.param() 方法把一个对象转换成用 "&" 符号连接起来的字符串序列，这个序列可以用于 URL 查询字符串或 Ajax 请求。

11.4 数组操作

为了更加方便地操作数组，jQuery 为我们提供了 5 种方法，如表 11-1 所示。

表 11-1 jQuery 操作数组的方法

方法	说明
$.inArray()	判断元素
$.merge()	合并数组
$.makeArray()	转换数组
$.grep()	过滤数组
$.each()	遍历数组

11.4.1 判断元素：$.inArray()

在 jQuery 中，我们可以使用 $.inArray() 方法来判断某个值是否存在于数组中。

▌ 语法

```
$.inArray(value, array)
```

▌ 说明

参数 value 是一个值，参数 array 是一个数组。$.inArray(value, array) 表示判断 value 是否存在于 array 中。如果存在，则返回 value 的位置（即下标）；如果不存在，则返回 −1。

$.inArray() 方法和 JavaScript 中的 indexOf() 方法很相似，indexOf() 返回的是字符串首次出现的位置，而 $.inArray() 返回的是元素在数组中的位置。如果元素在数组中能找到，则返回的是一个大于或等于 0 的值（下标）；如果未找到，则返回 −1。

▌ 举例

```
<!DOCTYPE html>
<html>
<head>
    <meta charset="utf-8" />
    <title></title>
    <script src="js/jquery-1.12.4.min.js"></script>
    <script>
        $(function(){
            var arr = [1, 2, 3, 4, 5];
            var index = $.inArray(3, arr);
            if(index == -1){
                console.log("没有找到元素");
            }else{
                console.log("元素下标为: " + index);
            }
        })
    </script>
</head>
<body>
</body>
</html>
```

预览效果如图 11-3 所示。

图 11-3　$.inArray()

11.4.2 合并数组：$.merge()

在 jQuery 中，我们可以使用 $.merge() 方法来合并两个数组。

▌ 语法

```
$.merge(arr1, arr2)
```

▌ 说明

$.merge() 方法会合并 arr1 和 arr2，然后返回新的数组。

▌ 举例

```
<!DOCTYPE html>
<html>
<head>
    <meta charset="utf-8" />
    <title></title>
    <script src="js/jquery-1.12.4.min.js"></script>
    <script>
        $(function(){
            var frontEnd = ["HTML", "CSS", "JavaScript"];
            var backEnd = ["PHP", "JSP", "ASP.NET"];
            var result = $.merge(frontEnd, backEnd);
            console.log(result);
        })
    </script>
</head>
<body>
</body>
</html>
```

控制台输出结果如图 11-4 所示。

图 11-4　$.merge()

11.4.3 转换数组：$.makeArray()

在 jQuery 中，我们可以使用 $.makeArray() 方法将"类数组对象"转换为真正的数组。那什么叫"类数组对象"呢？"类数组对象"必须有 length 属性，例如 arguments、nodeList 等。

▌ 语法

```
$.makeArray(obj)
```

说明

$.makeArray() 方法的返回值是一个数组。如果参数 obj 不是类数组对象，则返回值是一个空数组。

举例：将 arguments 转化为 Array

```html
<!DOCTYPE html>
<html>
<head>
    <meta charset="utf-8" />
    <title></title>
    <script src="js/jquery-1.12.4.min.js"></script>
    <script>
        function test() {
            var arr = $.makeArray(arguments);
            console.log(arr);
        }
        test("yes",1,{});        // ["yes", 1, Object]
    </script>
</head>
<body>
</body>
</html>
```

控制台输出结果如图 11-5 所示。

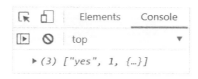

图 11-5　将 arguments 转化为 Array

分析

可能很多人就会问了，为什么要将 arguments、nodeList 这些类数组对象转换为真正的数组呢？因为转换为真正的数组后，我们就可以调用数组的各种方法来操作这些对象。

举例：将 nodeList 转换为 Array

```html
<!DOCTYPE html>
<html>
<head>
    <meta charset="utf-8" />
    <title></title>
    <script src="js/jquery-1.12.4.min.js"></script>
    <script>
        $(function(){
            var arr = $.makeArray($("li"));
            $("ul").html(arr.reverse());
        })
    </script>
</head>
```

```html
<body>
    <ul>
        <li>HTML</li>
        <li>CSS</li>
        <li>JavaScript</li>
        <li>jQuery</li>
        <li>Vue.js</li>
    </ul>
</body>
</html>
```

预览效果如图 11-6 所示。

- Vue.js
- jQuery
- JavaScript
- CSS
- HTML

图 11-6　将 nodeList 转化为 Array 的效果

分析

将 nodeList 转换为 Array 这种方式非常好用，特别是对一组节点进行同一操作的时候。像上面这个例子，小伙伴们想一下，如果使用原生 JavaScript 语法该怎么实现（提示：ES6 提供了 Array.from() 方法）。

11.4.4 过滤数组：$.grep()

在 jQuery 中，我们可以使用 $.grep() 方法来过滤数组中不符合条件的元素。

语法

```
$.grep(array, function(value,index){
    ……
}, false)
```

说明

第 1 个参数 array 是一个数组。

第 2 个参数是一个匿名函数。该匿名函数有两个形参：value 表示当前元素的"值"，index 表示当前元素的"索引"。

第 3 个参数是一个布尔值。如果该值为 false，则 $.grep() 只会收集函数返回 true 的数组元素；如果该值为 true，则 $.grep() 只会收集函数返回 false 的数组元素。

举例

```
<!DOCTYPE html>
<html>
```

```
<head>
    <meta charset="utf-8" />
    <title></title>
    <script src="js/jquery-1.12.4.min.js"></script>
    <script>
        $(function(){
            var arr = [3, 9, 1, 12, 50, 21];
            var result = $.grep(arr, function(value,index){
                return value > 10;
            },false);
            console.log(result);
        })
    </script>
</head>
<body>
</body>
</html>
```

默认情况下，控制台输出结果如图 11-7 所示。当我们把第 3 个参数改为 true 时，控制台输出结果如图 11-8 所示。

图 11-7　第 3 个参数为 false 的效果

图 11-8　第 3 个参数为 true 的效果

▌ 分析

在实际开发中，$.grep() 方法常用于获取两个数组中相同的部分或不相同的部分，请看下面的例子。

▌ 举例

```
<!DOCTYPE html>
<html>
<head>
    <meta charset="utf-8" />
    <title></title>
    <script src="js/jquery-1.12.4.min.js"></script>
    <script>
        $(function(){
            var a = [3, 9, 1, 12, 50, 21];
            var b = [2, 9, 1, 16, 50, 32];
            var result = $.grep(a, function(value,index){
                if(b.indexOf(value) >=0){
                    return true;
                }
            },false);
            console.log(result);
        })
```

```
            </script>
        </head>
        <body>
        </body>
</html>
```

控制台输出结果如图 11-9 所示。

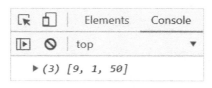

图 11-9　获取数组相同部分的效果

▌ 分析

上面这个例子表示获取数组 a 中与数组 b 中相同的部分。如果想要获取数组 a 中与数组 b 中不同的部分，只须把 $.grep() 方法的第 3 个参数改为 true 即可。

11.4.5　遍历数组：$.each()

在 jQuery 中，我们可以使用 $.each() 方法来遍历数组。

▌ 语法

```
$.each(array, function(index, value){
    ……
})
```

▌ 说明

第 1 个参数 array 是一个数组。

第 2 个参数是一个匿名函数。该匿名函数有两个形参：index 表示当前元素的"索引"，value 表示当前元素的"值"。

如果需要退出 each 循环，可以在回调函数中返回 false，即 return false。

一定要注意，这里是 function(index, value)，而不是 function(value, index)。$.grep() 和 $.each() 这两个方法中的匿名函数的参数顺序是不一样的。

▌ 举例

```
<!DOCTYPE html>
<html>
<head>
    <meta charset="utf-8" />
    <title></title>
    <script src="js/jquery-1.12.4.min.js"></script>
    <script>
        $(function(){
            var arr = ["HTML","CSS","JavaScript"];
```

```
            $.each(arr, function(index,value){
                var result = "下标:" + index + ",值:" + value;
                console.log(result);
            })
        })
    </script>
</head>
<body>
</body>
</html>
```

控制台输出结果如图 11-10 所示。

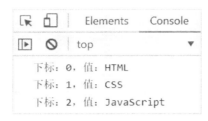

图 11-10　$.each() 遍历数组

▎ 分析

对于 $.each() 方法来说，我们可以使用两种方式来获取当前元素的值：arr[index]、value。

```
$.each(arr, function(index,value){
    var result = "下标:" + index + ",值:" + value;
    console.log(result);
})
```

上面的代码其实可以等价于：

```
$.each(arr, function(index,value){
    var result = "下标:" + index + ",值:" + arr[index];
    console.log(result);
})
```

▎ 举例

```
<!DOCTYPE html>
<html>
<head>
    <meta charset="utf-8" />
    <title></title>
    <script src="js/jquery-1.12.4.min.js"></script>
    <script>
        $(function(){
            var arr = ["HTML","CSS","JavaScript"];
            $.each(arr, function(index,value){
                var result = value.split("").reverse().join("");
                arr[index] = result;
            })
            console.log(arr);
```

```
            })
        </script>
    </head>
    <body>
    </body>
</html>
```

预览效果如图 11-11 所示。

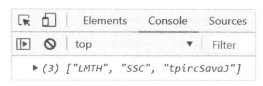

图 11-11　使用 $.each() 的 arr[index] 方式遍历数组

此外，$.each() 方法除了可以用于遍历数组之外，还可以用于遍历对象，我们在 11.5 节会详细介绍。

11.5　对象操作

在 jQuery 中，有关对象操作的工具函数只有一个，那就是 $.each() 方法。实际上，$.each() 方法不仅可以用于遍历数组，还可以用于遍历对象。

▼ 语法

```
$.each(obj, function(key, value){
    ……
})
```

▼ 说明

在 $.each() 方法中，第 1 个参数 obj 是一个对象，第 2 个参数是一个匿名函数。该匿名函数有两个形参：key 表示"键"，value 表示"值"。

如果需要退出 each 循环，可以在回调函数中返回 false，即 return false。

从语法上看，$.each() 用于遍历对象，与用于遍历数组是完全不一样的。这一点小伙伴们要重点区分一下。

▼ 举例

```
<!DOCTYPE html>
<html>
<head>
    <meta charset="utf-8" />
    <title></title>
    <script src="js/jquery-1.12.4.min.js"></script>
    <script>
        $(function(){
            var person = {
                name:"helicopter",
                age:25,
```

```
                hobby:"swimming"
            };
            $.each(person, function(key, value){
                console.log(value);
            })
        })
    </script>
</head>
<body>
</body>
</html>
```

控制台输出结果如图 11-12 所示。

图 11-12　$.each() 遍历对象

▌分析

对于 $.each() 方法来说，我们可以使用两种方式来获取键的值：obj[key]、value。

```
$.each(person, function(key, value){
    console.log(value);
})
```

上面的代码其实可以等价于：

```
$.each(person, function(key, value){
    console.log(person[key]);
})
```

11.6　检测操作

在实际开发中，有时我们需要获取对象或元素的各种状态，例如是否为数组、是否为对象、是否为空等，然后根据这些状态值来决定程序的下一步操作。

jQuery 为我们提供了大量用于检测操作的工具函数，常见的用于检测操作的工具函数如表 11-2 所示。

表 11-2　常见的用于检测操作的工具函数

函数	说明
$.isFunction(obj)	判断变量是否为一个函数，返回 true 或 false
$.isArray(obj)	判断变量是否为一个数组，返回 true 或 false
$.isEmptyObject(obj)	判断变量是否为一个空对象，返回 true 或 false
$.isPlainObject(obj)	判断变量是否为一个原始对象，返回 true 或 false
$.contains(node1, node2)	判断一个 DOM 节点是否包含另一个 DOM 节点，返回 true 或 false

在这里,所谓的原始对象,指的是通过"{}"或"new Object()"来创建的对象。

▋ **举例:检查变量是否为函数**

```
<!DOCTYPE html>
<html>
<head>
    <meta charset="utf-8" />
    <title></title>
    <script src="js/jquery-1.12.4.min.js"></script>
    <script>
        var fn = function(){};
        console.log($.isFunction(fn));      //true
    </script>
</head>
<body>
</body>
</html>
```

控制台输出结果如图 11-13 所示。

图 11-13 $.isFunction()

▋ **举例:检测变量是否为数组**

```
<!DOCTYPE html>
<html>
<head>
    <meta charset="utf-8" />
    <title></title>
    <script src="js/jquery-1.12.4.min.js"></script>
    <script>
        $(function () {
            var a = ["HTML","CSS","JavaScript"];
            console.log($.isArray(a));    //true
            var b = {name:"helicopter", age:25};
            console.log($.isArray(b));    //false
        })
    </script>
</head>
<body>
</body>
</html>
```

控制台输出结果如图 11-14 所示。

图 11-14　$.isArray()

▌分析

使用 jQuery 来判断变量是否为数组，一个 isArray() 方法就可以搞定。但是如果使用原生 JavaScript 就比较麻烦，请看下面的例子。

▌举例：原生 JavaScript 判断是否为数组

```
<!DOCTYPE html>
<html>
<head>
    <meta charset="utf-8" />
    <title></title>
    <script>
        function isArr(o){
            return Object.prototype.toString.call(o) == "[object Array]";
        }
        var a = ["HTML","CSS","JavaScript"];
        console.log(isArr(a));       //true
        var b = {name:"helicopter", age:25};
        console.log(isArr(b));       //false
    </script>
</head>
<body>
</body>
</html>
```

控制台输出结果如图 11-15 所示。

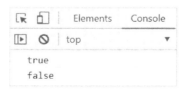

图 11-15　原生 JavaScript 判断是否为数组

▌分析

这个例子的代码比较复杂，看不懂没关系。由于它属于原生 JavaScript 的知识，这里就不详细展开了。感兴趣的小伙伴可以自行搜索了解一下 Object.prototype.toString 以及 call() 的用法。

▌举例：检测变量是否为空对象

```
<!DOCTYPE html>
```

```
<html>
<head>
    <meta charset="utf-8" />
    <title></title>
    <script src="js/jquery-1.12.4.min.js"></script>
    <script>
        $(function(){
            var a = {};
            var b = {
                name:"helicopter",
                age:25,
                hobby:"swimming"
            };
            console.log($.isEmptyObject(a));     //true
            console.log($.isEmptyObject(b));     //false
        })
    </script>
</head>
<body>
</body>
</html>
```

控制台输出结果如图 11-16 所示。

图 11-16　$.isEmptyObject()

▼ 举例：检测变量是否为原始对象

```
<!DOCTYPE html>
<html>
<head>
    <meta charset="utf-8" />
    <title></title>
    <script src="js/jquery-1.12.4.min.js"></script>
    <script>
        $(function(){
            var person = {
                name:"helicopter",
                age:25,
                hobby:"swimming"
            };
            console.log($.isPlainObject(person));    //true

            function Box(width, height){
                this.width = width;
                this.height = height;
```

```
            }
            var box = new Box(100, 100);
            console.log($.isPlainObject(box));       //false
        })
    </script>
</head>
<body>
</body>
</html>
```

控制台输出结果如图 11-17 所示。

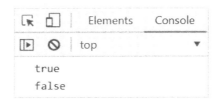

图 11-17　$.isPlainObject()

▬ 举例：检测一个节点是否包含另一个节点

```
<!DOCTYPE html>
<html>
<head>
    <meta charset="utf-8" />
    <title></title>
    <script src="js/jquery-1.12.4.min.js"></script>
    <script>
        $(function(){
            var oDiv = $("div");
            var oStrong = $("strong");
            console.log($.contains(oDiv, oStrong));     //false
        })
    </script>
</head>
<body>
    <div>
        <strong>绿叶学习网</strong>
    </div>
</body>
</html>
```

控制台输出结果如图 11-18 所示。

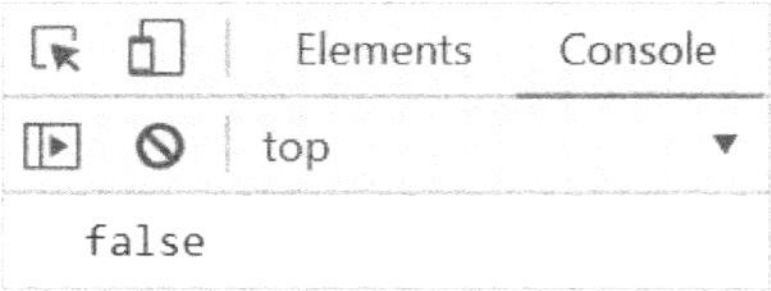

图 11-18　$.contains()

分析

咦，怎么回事呢？怎么输出结果是 false？出现这种情况，那是因为小伙伴们没有搞清楚 $.contains() 方法的两个参数。其中，$.contains() 方法的两个参数必须是 DOM 对象，不能是 jQuery 对象，因此正确的写法应该是：

```
$(function(){
    var oDiv = document.getElementsByTagName("div")[0];
    var oStrong = document.getElementsByTagName("strong")[0];
    console.log($.contains(oDiv, oStrong));      //true
})
```

11.7 自定义工具函数

在前面几节中，我们学习了各种 jQuery 内置的工具函数。但是这些内置工具函数的功能是有限的，如果我们想要自己定义一个工具函数，此时又该怎么实现呢？

在 jQuery 中，我们可以使用 $.extend() 方法来自定义工具函数，以便自己开发使用。

语法

```
(function($){
    $.extend({
        "函数名": function(参数){
            ……
        }
    });
})(jQuery);
```

说明

(function(){})() 是 JavaScript 立即执行函数，这种语法在高级开发中经常用到。

```
$.extend({
    "函数名": function(参数){
        ……
    }
});
```

如果不考虑其他情况，仅仅使用上面这段代码，其实也可以定义 jQuery 工具函数。但是为什么我们不这样做，而要在外面套一个立即执行函数呢？

这是因为很多其他的 JavaScript 库都会用到“$”这个符号，使用 $.extend() 方法定义工具函数时，就有可能受到其他 JavaScript 库中“$”变量的影响。我们在外面套一个如下所示的立即执行函数，是为了让“$”变量只属于这个立即执行函数的作用域，从而避免受到其他 JavaScript 库的“污染”。

```
(function($){
    ……
})(jQuery);
```

如果只看语法，我们可能一头雾水，还是先来看一个实际例子。

▌ 举例

```
<!DOCTYPE html>
<html>
<head>
    <meta charset="utf-8" />
    <title></title>
    <script src="js/jquery-1.12.4.min.js"></script>
    <script>
        (function($){
            $.extend({
                "maxNum": function(m, n){
                    return (m>n)?m:n;
                }
            });
        })(jQuery);
        $(function () {
            var result=$.maxNum(10, 5)
            console.log("最大值是："+result);
        })
    </script>
</head>
<body>
</body>
</html>
```

控制台输出结果如图 11-19 所示。

图 11-19　自定义工具函数

▌ 分析

在这个例子中，我们采取自定义工具函数的方式定义了一个 maxNum() 函数，用于计算两个数的最大值。应特别注意一点，自定义的工具函数与普通函数在调用时是不一样的。对于自定义的工具函数，我们需要在前面加上"$."，以表示这是属于 jQuery 对象下的一个函数。

11.8　本章练习

一、单选题

1. 在 jQuery 中，可以使用（　　）方法来去除字符串首尾的空白字符。
   A．$.trim()　　　　　　　　　　B．$.param()

  C. $.merge()   D. $.grep()

2. 在 jQuery 中，可以使用（　　）方法来判断某一个变量是否为数组。

  A. $.isArray()   B. $.inArray()

  C. $.isFunction()   D. $.isPlainObject()

3. 下面有关 jQuery 数组操作的说法中，不正确的是（　　）。

  A. $.isArray() 方法用于判断某个值是否存在于数组中

  B. $.merge() 方法用来合并两个数组，然后返回一个新的数组

  C. $.makeArray() 方法可以将类数组对象转换为真正的数组

  D. $.grep() 方法可以用于获取两个数组中相同的部分

4. 下面有关 jQuery 工具函数的说法中，不正确的是（　　）。

  A. $.each() 方法不仅可以用于遍历数组，还可以用于遍历对象

  B. 自定义工具函数使用的是 $.fn.extend() 方法

  C. 自定义工具函数其实就是在全局对象 jQuery 下定义一个方法

  D. $.trim() 和 jQuery.trim() 这两种写法是等价的

二、编程题

  请使用 jQuery 自定义一个工具函数，函数名为 sort()。该函数的功能是接收一个数组作为参数，然后对数组中所有元素从小到大进行排序，最后返回排好序的数组。

第 12 章 开发插件

12.1 jQuery 插件简介

说起 jQuery 插件,很多小伙伴都以为是什么很难学的知识。其实很多时候,晦涩的术语都是用来吓唬人的。

jQuery 插件,其实非常简单。一个 jQuery 插件,你可以把它理解成是使用 jQuery 来封装的一个功能或特效。对,就是这么简单。

一般来说,每一个 jQuery 插件都是放到独立的一个文件中的。我们常说的引入一个 jQuery 插件,其实就是引入一个外部 JavaScript 文件。

▼ 语法

```
<script src="jquery-1.12.4.min.js"></script>
<script src="jquery.[插件名].min.js"></script>
```

▼ 说明

引入的 jQuery 插件必须要放到 jQuery 库文件的下面,不然 jQuery 插件就无法生效。道理很简单,因为 jQuery 插件就是使用 jQuery 的语法来编写的。

像下面这种方式就是错误的,很多初学者容易犯这种简单的错误,大家要特别注意。

```
<script src="jquery.[插件名].min.js"></script>
<script src="jquery-1.12.4.min.js"></script>
```

那么就有小伙伴问了:"为什么要使用 jquery 插件呢?我们自己使用 jQuery 来编写不是一样可以吗?"当然可以自己编写。不过在实际开发的时候,如果什么功能都自己写,就太花费时间和精力了。

jQuery 插件使得我们可以直接使用别人封装好的功能,只要引入相应的插件文件,通过简单的几步就可以轻松使用相应的功能了。很多时候,jQuery 插件可以大大减轻我们的工作量。

不过还要说明的是,jQuery 插件虽然好用,但是不要一味地只用 jQuery 插件。因为每一个 jQuery 插件就是一个 JavaScript 文件,每次使用都会引发一次 HTTP 请求。此外 jQuery 插件本身冗余代码很多,会严重影响页面的加载速度。因此在实际开发中,我们要坚持一个原则:能自己开发的,尽量不要用 jQuery 插件,除非这个功能很难或者工作量太大。

最后,我们总结一下 jQuery 插件的特点,有以下两点。
- ▶ 一个 jQuery 插件,就是一个外部 JavaScript 文件。
- ▶ jQuery 插件,可以看成是别人封装好的一个功能,与函数一样,只需要调用就可以了,不需要自己去写内部逻辑。

12.2 jQuery 常用插件

在这一节中,我们来给小伙伴们介绍几个在实际工作中非常好用的插件。这一节介绍的所有插件文件,小伙伴们都可以在本书配套的源代码中找到。

12.2.1 文本溢出:dotdotdot.js

学过 HTML5 + CSS3 的小伙伴都知道,我们可以使用以下功能代码来实现文本溢出时显示省略号的效果。

```
overflow:hidden;
white-space:nowrap;
text-overflow:ellipsis;
```

但是这个功能代码只能实现"单行文本"的省略号效果,并不能用来实现"多行文本"的省略号效果。如果想要实现"多行文本"的省略号效果,我们可以使用 dotdotdot.js 这个 jQuery 插件。

▌ 举例

```
<!DOCTYPE html>
<html>
<head>
    <meta charset="utf-8" />
    <title></title>
    <style type="text/css">
        div
        {
            width: 200px;
            height: 100px;
            padding: 10px;
            font-family: "微软雅黑";
            line-height: 20px;
            text-indent: 2em;
            border: 1px solid silver;
        }
    </style>
    <script src="js/jquery-1.12.4.min.js"></script>
    <script src="js/jquery.dotdotdot.min.js"></script>
    <script>
        $(function(){
```

```
            $("div").dotdotdot();
        })
    </script>
</head>
<body>
    <div>绿叶学习网成立于2015年4月1日，是一个富有活力的Web技术学习网站。在这里，我们只提供互联网专业的Web技术教程和愉悦的学习体验。每一个教程、每一篇文章甚至每一个知识点，都体现绿叶精益求精的态度。没有最好，但是我们可以做到更好！</div>
</body>
</html>
```

预览效果如图 12-1 所示。

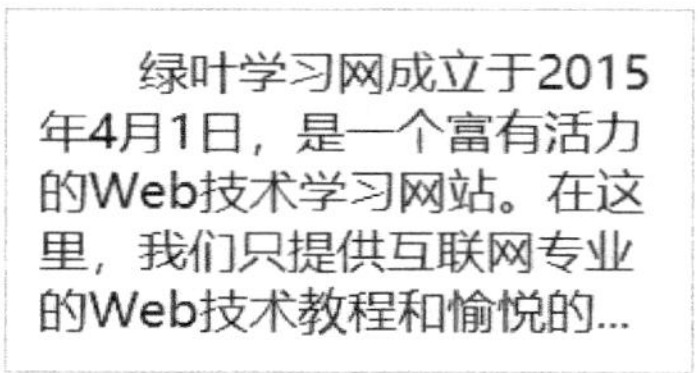

图 12-1　省略号效果

▌ 分析

dotdotdot.js 的使用方法非常简单：首先为元素定义宽度和高度，然后针对该元素使用 dotdotdot() 这个方法就可以了。当内容超出元素的宽度和高度时，就会以省略号的形式来显示。

dotdotdot.js 官方地址为 http://plugins.jquery.com/dotdotdot/。

12.2.2　延迟加载：lazyload.js

图片延迟加载，又叫"图片懒加载"。怎么个懒法呢？简单来说，就是你不想看就不显示给你看，页面也就懒得把图片加载出来。

例如进入某个页面时，页面上会有很多图片，有些图片在下面，当我们没有看完整个页面时，那么下面的图片对我们来说就是"没用"的，加载了也是白加载，而且还会降低页面整体的加载速度。

在 jQuery 中，我们可以使用 lazyload.js 这个插件来实现图片的延迟加载。也就是只有当我们把滚动条拉到某个位置，相应处的图片才会显示出来，否则就不会显示。

lazyload.js 的使用很简单，需要以下 3 步。

① 引入 jQuery 库和 lazyload.js 插件，如下所示。

```
<script src="js/jquery-1.12.4.min.js"></script>
<script src="js/jquery.lazyload.min.js"></script>
```

② 图片的 src 用 data-original 代替，如下所示。

```
<img class="lazy" data-original="img/haizei1.png" alt="">
```

③ 添加 jQuery 代码，如下所示。

```
$().lazyload({
    effect: "fadeIn"
});
```

举例

```html
<!DOCTYPE html>
<html>
<head>
    <meta charset="utf-8" />
    <title></title>
    <style type="text/css">
        div
        {
            height:800px;
            background-color: lightskyblue;
        }
    </style>
    <script src="js/jquery-1.12.4.min.js"></script>
    <script src="js/jquery.lazyload.min.js"></script>
    <script>
        $(function(){
            $("img").lazyload({
                effect: "fadeIn"
            });
        })
    </script>
</head>
<body>
    <div></div>
    <img data-original="img/haizei1.png" alt="">
    <img data-original="img/haizei2.png" alt="">
    <img data-original="img/haizei3.png" alt="">
    <img data-original="img/haizei4.png" alt="">
    <img data-original="img/haizei5.png" alt="">
    <img data-original="img/haizei6.png" alt="">
    <img data-original="img/haizei7.png" alt="">
</body>
</html>
```

默认情况下，预览效果如图12-2所示。当我们快速拖动滚动条到页面底部时，预览效果如图12-3所示。

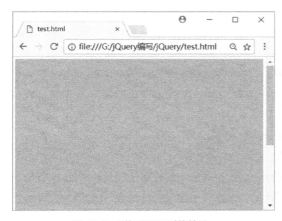

图12-2　刚打开页面时的效果

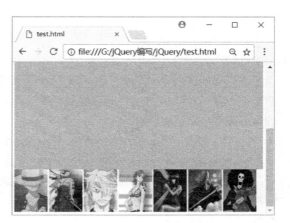

图12-3　拖动滚动条到页面底部时的效果

▌分析

在上面的例子中，还没拖动滚动条的时候，其实图片是没有加载的，因为没有 src 属性。我们从控制台中可以看出来，如图 12-4 所示。

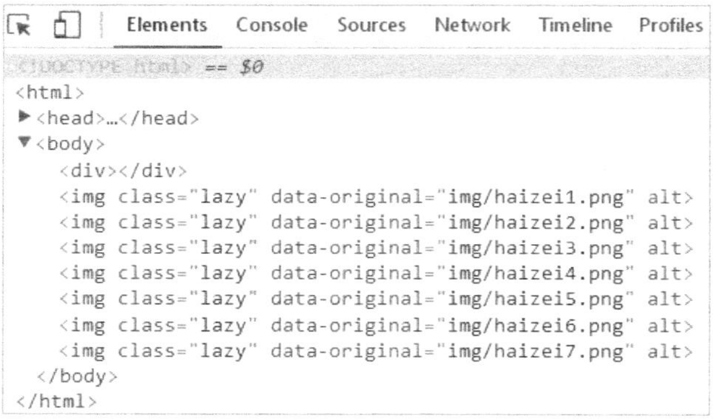

图 12-4　刚打开页面时的状态

当我们拖动滚动条到底部，也就是让图片进入"可视"范围内时，lazyload 就会自动为图片添加 src 属性，此时图片会以渐入的形式显示出来。控制台的状态就如图 12-5 所示。

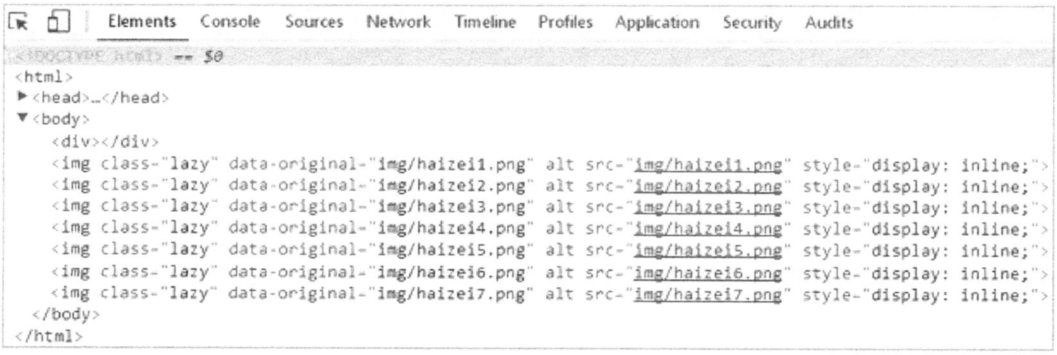

图 12-5　拖动滚动条到页面底部时的状态

```
$("img").lazyload({
    effect: "fadeIn"
});
```

上面这段代码表示使用"渐入"的方式来加载图片，大多数情况下我们只会用到 effect 这一个参数，不过 lazyload.js 插件的功能远不止如此。对于更多功能，小伙伴们可以看一下中文文档或 github 文档。文档地址如下。

- 中文文档：http://code.ciaoca.com/jquery/lazyload。
- github 文档：https://github.com/tuupola/jquery_lazyload。

lazyload.js 插件对于提高页面加载速度非常有用，因此被绝大多数网站采用，例如绿叶学习网几乎每一个页面都用到了。所以对于这个插件，建议小伙伴们多多参考上面两个文档，并且重点掌握。

12.2.3 复制粘贴：zclip.js

在 jQuery 中，我们可以使用 zclip.js 插件来完成页面文本的复制粘贴，只需要两步即可。

① 引入 jQuery 库和 zclip.js 插件，如下所示。

```
<script src="js/jquery-1.12.4.min.js"></script>
<script src="js/jquery.zclip.min.js"></script>
```

② 添加 jQuery 代码，如下所示。

```
$().zclip({
    path:"swf文件路径",
    //复制内容
    copy:function(){
        return xxx;
    },
    //复制成功后的操作
    afterCopy:function(){
        ……
    }
})
```

由于 zclip.js 插件是借助 Flash 来完成复制的，因此我们需要使用 path 参数来引入相应的 Flash 文件地址。小伙伴们可以从本书配套的源代码中找到这个 Flash 文件。

此外，zclip.js 插件是依赖于服务器环境的，仅仅使用本地环境是没有效果的。至于怎么搭建一个服务器环境，小伙伴们可以先去看一下后面的"13.1 搭建服务器环境"这一节。

▼ 举例

```
<!DOCTYPE html>
<html>
<head>
    <meta charset="utf-8" />
    <title></title>
    <script src="js/jquery-1.12.4.min.js"></script>
    <script src="js/jquery.zclip.min.js"></script>
    <script>
        $(function(){
            $("#btn").zclip({
                path: "js/ZeroClipboard.swf",
                copy: function () {
                    return $("#txt").val()
                },
                afterCopy: function () {
                    alert("复制成功")
                }
            })
        })
    </script>
</head>
```

```
<body>
    <input id="txt" type="text" />
    <input id="btn" type="button" value="复制"></input>
</body>
</html>
```

预览效果如图 12-6 所示。

图 12-6　复制文本的效果

分析

当我们在文本框中输入内容、点击【复制】按钮后，就会弹出对话框，并且该文本框的内容会被复制到粘贴板中，最后我们就可以在其他地方把内容粘贴出来。

zclip.js 插件的 github 地址为 https://github.com/patricklodder/jquery-zclip。

12.2.4　表单验证：validate.js

validate.js 是一个非常好用的表单验证插件，它被广泛地用于大型网站中。使用 validate.js 插件只需要两步就可以了。

① 引入 jQuery 库、validate.js 插件以及 message_zh.js 插件，如下所示。

```
<script src="js/jquery-1.12.4.min.js"></script>
<script src="js/jquery.validate.min.js"></script>
<script src="js/jquery.message_zh.min.js"></script>
```

② 添加 jQuery 代码，如下所示。

```
$().validate({
    //自定义验证规则
    rules:{
        ……
    }
})
```

举例

```
<!DOCTYPE html>
<html>
<head>
    <meta charset="utf-8" />
    <title></title>
    <script src="js/jquery-1.12.4.min.js"></script>
    <script src="js/jquery.validate.min.js"></script>
    <script src="js/message_zh.min.js"></script>
    <script>
        $(function(){
```

```
            $("#myform").validate({
                //自定义验证规则
                rules:{
                    myname:{required:true,maxlength:6},
                    myemail:{required:true,email:true}
                }
            })
        })
    </script>
</head>
<body>
    <form id="myform" method="post">
        <p><label>账号:<input id="myname" name="myname" type="text" required/></label></p>
        <p><label>邮箱:<input id="myemail" name="myemail" type="email" required/></label></p>
        <input type="submit" value="提交">
    </form>
</body>
</html>
```

默认情况下，预览效果如图 12-7 所示。当我们输入内容时，预览效果如图 12-8 所示。

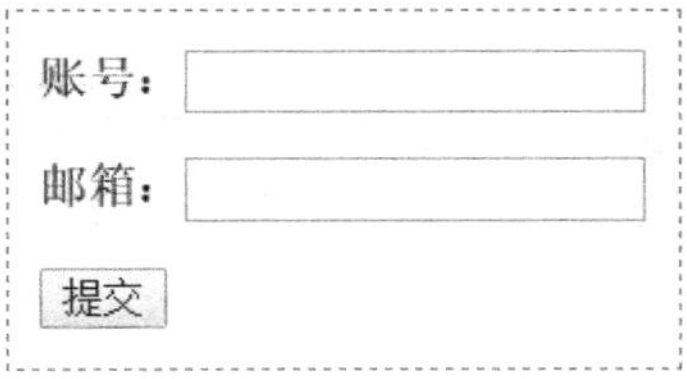

图 12-7 默认效果

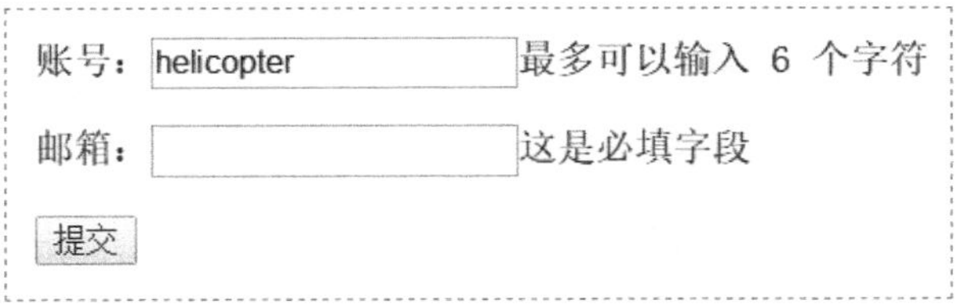

图 12-8 输入内容时的效果

▮ 分析

myname:{required:true,maxlength:6} 表示 id="myname" 这个文本框是必填的，并且最大长度为 6 个字符。myemail:{required:true,email:true} 表示 id="myemail" 这个文本框是必填的，并且启动 email 验证规则。

validate.js 插件的参数非常多，使用也非常灵活。小伙伴们可以到官网的 validate 插件板块查看，网址为 http://plugins.jquery.com/validate/。

在这一节中，我们只是介绍了几种比较常见的 jQuery 插件，事实上 jQuery 插件有成千上万种，小伙伴们可以到 jQuery 官网的插件板块查找自己想要的插件。当然，在实际开发中，建议小伙伴们尽量少使用插件。至于为什么，我们在上一节中已经详细介绍过了。

12.3 jQuery 插件

尽管现在有大量非常棒的插件可供我们免费下载和使用，但是在实际开发中，我们有时候需要根据项目需求自己来定义一个插件，提供给团队其他人复用。

学习使用 jQuery 并不难，因为它非常简单。但是如果你想要使能力上升一个台阶，学会编写一个属于自己的 jQuery 插件是一个不错的办法。

从广义上来说，jQuery 插件可以分为以下 3 种。

- ▶ 方法类插件。
- ▶ 函数类插件。
- ▶ 选择器插件。

其中的选择器插件，很少有人会去开发使用，因为 jQuery 内置的选择器已经足够完善了，所以这一节我们只会介绍方法类插件和函数类插件。

12.3.1 方法类插件

在 jQuery 中，我们可以使用 $.fn.extend() 方法来定义一个方法类插件。方法类插件就是首先你使用 jQuery 选择器来获取一个 jQuery 对象，然后针对你获取的这个 jQuery 对象添加一个方法。

▶ **语法**

```
(function($){
    $.fn.extend({
        "插件名": function(参数){
            ……
        }
    });
})(jQuery);
```

▶ **说明**

(function(){})() 是 JavaScript 立即执行函数，这种语法在实际开发中经常用到。

```
$.fn.extend({
    "插件名": function(参数){
        ……
    }
});
```

如果不考虑其他情况，仅仅使用上面这段代码，其实也可以定义 jQuery 插件。但是为什么我们不这样做，而要在外面套一个立即执行函数呢？

之前也说过，这是因为很多其他的 JavaScript 库都会用到"$"这个符号，所以使用 $.fn.extend() 来定义插件的时候，就有可能受到其他 JavaScript 库中"$"变量的影响。我们在外面套一个如下所示的立即执行函数，是为了让"$"变量只属于这个立即执行函数的作用域，从而避免受到其他 JavaScript 库的影响。

```
(function($){
    ……
})(jQuery);
```

▌ 举例

```
<!DOCTYPE html>
<html>
<head>
    <meta charset="utf-8" />
    <title></title>
    <script src="js/jquery-1.12.4.min.js"></script>
    <script>
        //定义插件
        (function(){
            $.fn.extend({
                //插件名为"changeColor"，有两个参数：fgcolor、bgcolor
                "changeColor":function(fgcolor,bgcolor){
                    //定义鼠标指针移入移出效果
                    $(this).mouseover(function () {
                        $(this).css({"color":fgcolor,"background":bgcolor});
                    }).mouseout(function () {
                        $(this).css({"color":"black","background":"white"});
                    });
                    //返回jQuery对象，以便链式调用
                    return $(this);
                }
            })
        })(jQuery);
    </script>
    <script>
        $(function () {
            //调用插件
            $("h1").changeColor("red","#F1F1F1")
        })
    </script>
</head>
<body>
    <h1>绿叶学习网</h1>
</body>
</html>
```

默认情况下，预览效果如图12-9所示。当鼠标指针移到元素上时，预览效果如图12-10所示。

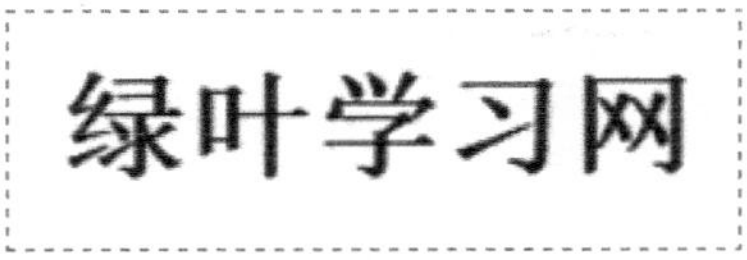

图12-9　默认效果

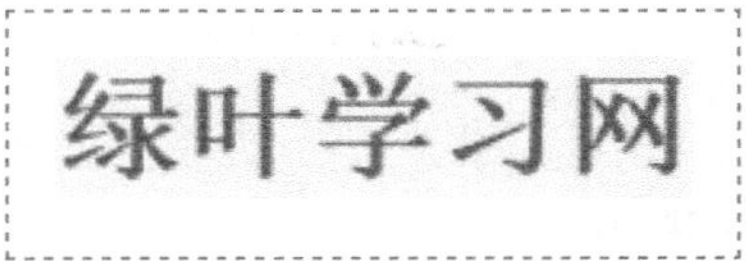

图12-10　鼠标指针移到元素上时的效果

▌分析

在这个例子中,我们使用 $.fn.extend() 方法定义了一个名为"changeColor"的插件。该插件接收两个参数:fgcolor、bgcolor。其中,fgcolor 是"字体颜色",bgcolor 是"背景颜色"。

在插件的内部,我们定义了元素在鼠标指针移入和鼠标指针移出时的颜色变化。在插件的最后,我们还需要使用 return $(this) 返回当前的 jQuery 对象,从而保持链式调用的功能。

所谓"封装 jQuery 插件",就是把功能封装成一个函数而已,小伙伴们别想得那么复杂。

```
$.fn.extend({
    "插件名":function(参数){
        ……
    }
})
```

事实上,jQuery 插件的定义方式有两种,上面这段代码是其中一种,还有一种如下所示。这两种定义方式其实是等价的。

```
$.fn.插件名 = function(参数){
    ……
}
```

不过,上面这个例子的传参方式只适用于参数比较少的情况。如果参数比较多,我们应该定义一个参数对象,然后把需要传给插件的参数都放在参数对象中。优化后的代码如下。

▌举例:优化传参

```html
<!DOCTYPE html>
<html>
<head>
    <meta charset="utf-8" />
    <title></title>
    <script src="js/jquery-1.12.4.min.js"></script>
    <script>
        //定义插件
        (function(){
            $.fn.extend({
                "color":function(options){
                    $(this).mouseover(function () {
                        $(this).css({"color":options.fgcolor,"background":options.bgcolor});
                    }).mouseout(function () {
                        $(this).css({"color":"black","background":"white"});
                    });

                    return $(this);
                }
            })
        })(jQuery);
    </script>
    <script>
        $(function () {
            //调用插件
```

```
                $("h1").color({ fgcolor: "red", bgcolor: "#F1F1F1" });
        })
    </script>
</head>
<body>
    <h1>绿叶学习网</h1>
</body>
</html>
```

默认情况下,预览效果如图 12-11 所示。当鼠标指针移到元素上时,预览效果如图 12-12 所示。

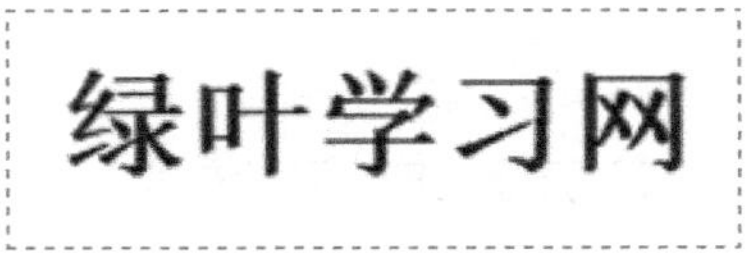

图 12-11　默认效果 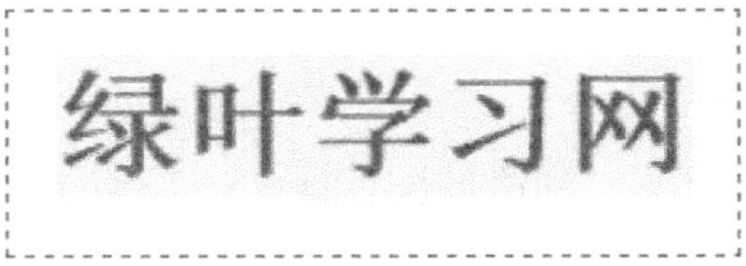　　　　　　　图 12-12　鼠标指针移到元素上时的效果

▎分析

可能有些小伙伴又会问了:"很多插件的参数都有默认值,如果我也想设置默认值,又该怎么办呢?"接下来,我们对上面的代码作进一步优化,请看下面的例子。

▎举例:设置参数的默认值

```
<!DOCTYPE html>
<html>
<head>
    <meta charset="utf-8" />
    <title></title>
    <script src="js/jquery-1.12.4.min.js"></script>
    <script>
        //定义插件
        (function(){
            $.fn.extend({
                "color":function(options){
                    //设置参数的默认值
                    var defaults = {
                        fgcolor: "hotpink",
                        bgcolor: "lightskyblue"
                    };
                    var options = $.extend(defaults, options);

                    $(this).mouseover(function () {
                        $(this).css({"color":options.fgcolor,"background":options.bgcolor});
                    }).mouseout(function () {
                        $(this).css({"color":"black","background":"white"});
                    });

                    return $(this);
                }
```

```
                })
            })(jQuery);
        </script>
        <script>
            $(function () {
                //调用插件
                $("h1").color();
            })
        </script>
    </head>
    <body>
        <h1>绿叶学习网</h1>
    </body>
</html>
```

默认情况下,预览效果如图 12-13 所示。当鼠标指针移到元素上时,预览效果如图 12-14 所示。

图 12-13　默认效果　　　　　　　　图 12-14　鼠标指针移到元素上时的效果

▌ 分析

想要设置参数的默认值,我们需要在插件内部另外定义一个选项对象,然后使用 $.extend() 方法将参数对象 options 和选项对象 defaults 合并成一个对象。$.extend() 方法允许你使用一个或多个对象来扩展一个基准对象,扩展的方式是依序将右边的对象合并到基准对象(也就是左边第一个对象)。

最后,如果想要同时封装多个 jQuery 插件,我们可以采用以下的语法。

```
(function($){
    $.fn.extend({
        "插件1": function(参数){
            ……
        },
        "插件2": function(参数){
            ……
        },
        "插件3": function(参数){
            ……
        }
    });
})(jQuery);
```

12.3.2　函数类插件

在 jQuery 中,我们可以使用 $.extend() 方法来定义一个函数类插件。此时小伙伴们就会问了:"之前不是说 $.extend() 方法是用来定义工具函数的吗?怎么它还可以用来定义插件呢?"实际上,

"工具函数"和"函数类插件"就是同一个东西。

▌ 语法

```
(function($){
    $.extend({
        "插件名": function(){
            ......
        }
    });
})(jQuery)
```

▌ 说明

函数类插件的语法与方法类插件的语法差不多，仅仅是把 $.fn.extend() 换成了 $.extend()。

▌ 举例

```
<!DOCTYPE html>
<html>
<head>
    <meta charset="utf-8" />
    <title></title>
    <script src="js/jquery-1.12.4.min.js"></script>
    <script>
        (function($){
            $.extend({
                "maxNum": function(m, n){
                    return (m>n)?m:n;
                }
            });
        })(jQuery)
        $(function () {
            var result=$.maxNum(10, 5)
            console.log("最大值是: "+result);
        })
    </script>
</head>
<body>
</body>
</html>
```

控制台输出结果如图 12-15 所示。

图 12-15　函数类插件

▌ 分析

从这个例子可以看出，函数类插件与方法类插件在定义和调用方式上都是差不多的，不过函数

类插件使用的是 $.extend() 方法，而方法类插件使用的是 $.fn.extend() 方法。此外，两者最大的不同在于：函数类插件是在全局对象下定义一个方法，而方法类插件是在所获取的 jQuery 对象下定义一个方法。

方法类插件可以使用 jQuery 中功能强大的选择器，调用方式一般是 **$(选择器). 插件名 ()**。而函数类插件不可以使用 jQuery 选择器，其调用方式一般是 **$. 函数名 ()**。在实际开发中，我们所说的 jQuery 插件一般指的是方法类插件，小伙伴们一定要记住这一点。

最后，我们来总结一下 jQuery 插件，以下几点是比较重要的。

- ▶ 插件的文件命名必须严格按照 jquery.[**插件名**].js 或 jquery.[**插件名**].min.js 的格式。
- ▶ 在插件的最后必须使用 return $(this) 来返回当前的 jQuery 对象，以便保持链式调用的功能。
- ▶ 无论是哪一种插件，定义的结尾都必须以分号结束，否则文件被压缩后，可能会出现错误。
- ▶ 方法类插件使用的是 $.fn.extend() 方法，而函数类插件使用的是 $.extend() 方法。我们常说的 jQuery 插件，指的都是方法类插件。
- ▶ $.extend() 方法是在 jQuery 全局对象上扩展一个方法，而 $.fn.extend() 方法是在选择器上扩展一个方法。因此定义工具函数应该用 $.extend() 方法，而定义 jQuery 插件应该用 $.fn.extend() 方法。

12.4　本章练习

一、单选题

下面有关 jQuery 插件的说法中，不正确的是（　　）。
A. 必须在 jQuery 插件文件之前引入 jQuery 库文件，才可以使用该插件
B. 在实际开发中，一个特效能用 jQuery 插件实现，就无须自己去开发
C. 定义 jQuery 插件最常用的是 $.fn.extend() 方法
D. $.fn.extend() 方法定义的插件可以使用 jQuery 选择器

二、简答题

在 jQuery 中，$.extend() 与 $.fn.extend() 这两个方法之间有什么区别？（前端面试题）

第 13 章 Ajax 操作

13.1 搭建服务器环境

由于 Ajax 是需要借助服务器环境的，因此在讲解 Ajax 之前，我们先来介绍一下怎么搭建服务器环境。

想要搭建一个服务器环境，我们可以使用 WampServer 软件。对于 WampServer，大家搜索下载后安装即可。安装完成后，WampServer 会生成很多文件夹，其中有一个"www"文件夹，这个文件夹指的就是默认的网站根目录。也就是说，凡是网站的代码文件都必须放在这个"www"文件夹下，如图 13-1 所示。

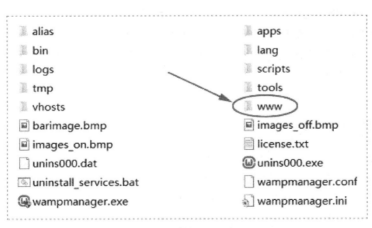

图 13-1　软件目录

打开 WampServer 并开启服务器后，我们在电脑桌面右下角可以找到 WampServer 的小图标，点击小图标，即可开启 WampServer 管理面板，如图 13-2 所示。

图 13-2 WampServer 管理面板

下面我们举一个简单的例子，给大家说明一下怎么使用 WampServer 的服务器环境。

① **新建文件**：首先我们在"www"文件夹下新建一个"test"文件夹，并且在新建好的"test"文件夹下新建一个 test.html 文件，代码如下。

```html
<!DOCTYPE html>
<html>
<head>
    <meta charset="utf-8" />
    <title></title>
</head>
<body>
    <h3>这是一个测试页面。</h3>
</body>
</html>
```

② **开启服务器环境**：打开 WampServer 软件，即可开启服务器环境。

③ **通过 localhost 地址访问**：想要访问服务器环境下的网站页面，我们千万不要像平常那样双击 HTML 文件来打开，而是应该通过 localhost 地址来打开。例如，对于上面那个 test.html 文件，我们应该通过以下地址来访问。

```
localhost/test/test.html
```

预览效果如图 13-3 所示。

图 13-3 页面效果

对于 WampServer 的使用，还有以下几点需要强调。
- 对于网站的页面，我们一定不要双击打开，而是应该通过服务器地址（也就是 localhost 地址）去访问。
- 在打开 WampServer 之前，一定要把下载软件（如迅雷）和播放器软件（如迅雷看看）关闭，因为这些软件会占用 WampServer 的默认端口，即 80 端口，进而导致开启服务器失败。

13.2 Ajax 简介

Ajax，全称"Asynchronous JavaScript and XML"，即"异步的 JavaScript 和 XML"。其核心是通过 JavaScript 的 XMLHttpRequest 对象，以一种异步的方式，向服务器发送数据请求，并且通过该对象接收请求返回的数据，从而实现客户端与服务器端的数据操作。

对于 Ajax，具体怎么理解呢？举个简单的例子，例如网易的首页，顶部有一个登录框，如图 13-4 所示。想要登录网易，就要输入账号和密码。那么系统是怎么判断你输入的账号和密码是不是正确的呢？实现的原理都是先将前端的数据传递给后端服务器，然后由服务器来判断：如果账号和密码都匹配，那么后端服务器会返回信息来告诉前端页面，最后在前端页面中显示登录成功的信息。

如果没有采用 Ajax 技术，前端页面更新后端返回来的数据时，整个页面都会被刷新。也就是说，凡是想要在前端页面显示后端返回来的信息，都要刷新**"整个页面"**。但若使用 Ajax 技术，我们只需要刷新登录栏目那一部分即可，其他部分都不用刷新。

图 13-4　网易首页

再举一个例子，一个页面一般都会有很多栏目，有些栏目是实时更新的，例如奥运实时奖牌榜，如图 13-5 所示。如果每更新一次数据都刷新整个页面，就会白白浪费很多流量；但若使用 Ajax 技术，我们只需要更新奖牌榜那一栏即可。

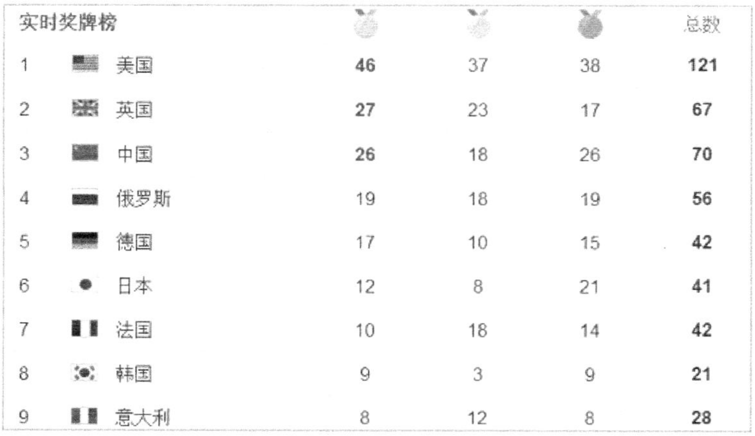

实时奖牌榜		🥇	🥈	🥉	总数
1	美国	46	37	38	121
2	英国	27	23	17	67
3	中国	26	18	26	70
4	俄罗斯	19	18	19	56
5	德国	17	10	15	42
6	日本	12	8	21	41
7	法国	10	18	14	42
8	韩国	9	3	9	21
9	意大利	8	12	8	28

图 13-5　实时奖牌榜

Ajax 其实非常简单。对于 Ajax，可以用一句话概括：Ajax 能够刷新指定的页面区域，而不是刷新整个页面，从而减少客户端和服务端之间传输的数据量，提高页面速度，使得用户体验更好。

由于 Ajax 会涉及与后端的交互，因此小伙伴们需要具备一定的后端基础，才能更好地去理解 Ajax。

13.3　load() 方法

13.3.1　load() 方法简介

在 jQuery 中，我们可以使用 load() 方法来通过 Ajax 请求从服务器中获取数据，然后把获取的数据插入到指定的元素中。

▌ **语法**

```
$().load(url, data, fn)
```

▌ **说明**

load() 方法有 3 个参数，如表 13-1 所示。

表 13-1　load() 方法的 3 个参数

参数	说明
url	必选参数，表示被加载的页面地址
data	可选参数，表示发送到服务器的数据
fn	可选参数，表示请求完成后的回调函数

注意：由于浏览器安全方面的限制，大多数 Ajax 请求遵守"同源策略"。也就说，Ajax 请求无法从不同的域、子域或协议中获取数据。

一般情况下，load() 方法都是用来加载某一个文件的内容，例如扩展名 txt、html 和 php 的文件等。为了测试 load() 方法，我们需要在网站根目录下新建 3 个文件，分别是：welcome.txt 文件、content.html 文件和 test.php 文件。

welcome.txt 文件内容如下。

欢迎来到绿叶学习网！

content.html 文件代码如下。

```
<!DOCTYPE html>
<html>
<head>
    <meta charset="utf-8" />
    <title></title>
</head>
<body>
    <div>绿叶学习网成立于2015年4月1日，是一个富有活力的Web技术学习网站。在这里，我们只提供互联网专业的Web技术教程和愉悦的学习体验。每一个教程、每一篇文章甚至每一个知识点，都体现绿叶精益求精的态度。没有最好，但是我们可以做到更好！</div>
</body>
</html>
```

test.php 文件代码如下。

```
<?php
    $sum=0;
    for($i=1;$i<=100;$i++) {
        $sum+=$i;
    }
    echo "1+2+3+…+100=".$sum;
?>
```

▶ 举例：获取扩展名为 txt 的文件的内容

```
<!DOCTYPE html>
<html>
<head>
    <meta charset="utf-8" />
    <title></title>
    <script src="js/jquery-1.12.4.min.js"></script>
    <script>
        $(function(){
            $("#wrapper").load("welcome.txt");
        })
    </script>
</head>
<body>
    <div id="wrapper"></div>
</body>
</html>
```

预览效果如图 13-6 所示。

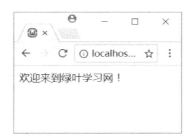

图 13-6 获取 txt 文件内容

▼ 分析

$("#wrapper").load("welcome.txt") 表示请求服务器环境下当前目录的 welcome.txt 文件，然后获取 welcome.txt 中的内容，再把内容插入 id="wrapper" 的元素中。

在 jQuery 中，load() 方法除了可以获取 txt 文件的内容，还可以获取 html 文件的内容，请看下面的例子。

▼ 举例：获取扩展名为 html 的文件的内容

```
<!DOCTYPE html>
<html>
<head>
    <meta charset="utf-8" />
    <title></title>
    <script src="js/jquery-1.12.4.min.js"></script>
    <script>
        $(function(){
            $("#content").load("content.html");
        })
    </script>
</head>
<body>
    <h3 id="title">绿叶学习网</h3>
    <div id="content"></div>
</body>
</html>
```

预览效果如图 13-7 所示。

图 13-7 获取扩展名为 html 的文件内容

▼ 分析

当我们打开控制台时,效果如图 13-8 所示。

图 13-8 控制台效果

咦,怎么 content.html 中的 meta、title 等标签也被加载进来了呢?实际上,如果只加载 content.html 页面中的 div 元素,不想加载多余的元素,正确的写法应该是下面这样。

```
$("#content").load("content.html div");
```

由于 Ajax 请求遵守"同源策略",因此我们只能加载自己网站目录下的内容,不能用于加载其他网站的内容,例如下面这种写法就没法实现。

```
$("#content").load("http://www.lvyestudy.com #header");
```

▼ 举例:获取扩展名为 php 的文件计算结果

```html
<!DOCTYPE html>
<html>
<head>
    <meta charset="utf-8" />
    <title></title>
    <script src="js/jquery-1.12.4.min.js"></script>
    <script>
        $(function(){
            $("div").load("test.php");
        })
    </script>
</head>
<body>
    <div></div>
</body>
</html>
```

预览效果如图 13-9 所示。

1+2+3+…+100=5050

图 13-9 获取扩展名为 php 的文件计算结果

13.3.2 传递数据

在 jQuery 中，load() 方法的传递方式是根据第二个参数 data 来"自动"指定的。如果参数 data 省略，那么会自动采用 get() 方式；如果参数 data 没有省略，那么会自动采用 post() 方式。

这里注意一下，参数 data 的格式为"键值对"，例如 {name: "小杰", age:24}。

▌语法

```
//参数data省略，则是get()方式
$().load("test.php", function(){
    ……
})
//参数data没有省略，则是post()方式
$().load("test.php", {name: "小杰", age: 24}, function(){
    ……
})
```

接下来给大家举一个例子，首先我们需要准备两个文件：一个是扩展名为 php 的文件，另一个是扩展名为 html 的文件。

扩展名为 php 的文件代码如下。

```
<?php
    $name=$_POST["name"];
    $age=$_POST["age"];

    echo "<p>姓名: $name<br/> 年龄: $age</p>";
?>
```

扩展名为 html 的文件代码如下。

```
<!DOCTYPE html>
<html>
<head>
    <meta charset="utf-8" />
    <title></title>
    <script src="js/jquery-1.12.4.min.js"></script>
    <script>
        $(function(){
            $("div").load("getData.php",{name: "小杰", age: 24});
        })
    </script>
</head>
<body>
    <div></div>
</body>
</html>
```

预览效果如图 13-10 所示。

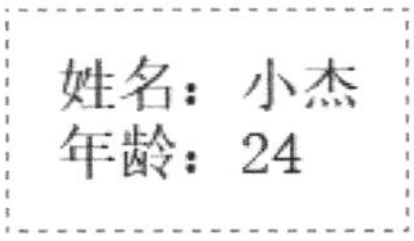

```
姓名：小杰
年龄：24
```

图 13-10　传递数据

▎分析

在这个例子中，我们从前端页面传递数据给后端服务器来处理，其中传递的数据是 {name: "小杰", age: 24}。

13.3.3　回调函数

load() 方法的第 3 个参数就是一个回调函数，表示请求完成后执行的代码，完整的语法如下。

```
$().load(url, data, function(response, status, xhr){
    ……
})
```

▎说明

该回调函数也有 3 个参数：response、status 和 xhr。其中，response 表示"请求后返回的内容"，status 表示"请求状态"，xhr 表示"XMLHttpRequest 对象"。

接下来给大家举一个例子，首先我们需要准备两个文件：一个是扩展名为 php 的文件，另一个是扩展名为 html 的文件。

扩展名为 php 的文件代码如下。

```php
<?php
    $name=$_POST["name"];
    $age=$_POST["age"];

    echo "<p>姓名: $name<br/> 年龄: $age</p>";
?>
```

扩展名为 html 的文件代码如下。

```html
<!DOCTYPE html>
<html>
<head>
    <meta charset="utf-8" />
    <title></title>
    <script src="js/jquery-1.12.4.min.js"></script>
    <script>
        $(function(){
            $("div").load("getData.php",{name: "小杰", age: 24},function (response, status, xhr) {
                console.log(response);
                console.log(status);
                console.log(xhr);
            });
        })
```

```
        </script>
    </head>
    <body>
        <div></div>
    </body>
</html>
```

控制台输出结果如图 13-11 所示。

```
<p>姓名：小杰<br/> 年龄：24</p>
success
▶ Object {readyState: 4, responseText: "<p>姓名：小杰<br/> 年龄：24</p>", status: 200, statusText: "OK"}
```

图 13-11　回调函数

最后，还有几点要特别说明。

- 在 load() 方法中，无论 Ajax 请求是否成功，只要请求完成（complete），回调函数（fn）都会被触发。
- load() 方法一般只会用到第 1 个参数，很少会用第 2 和第 3 个参数。
- load() 方法一般是用来向服务器请求静态的数据文件。在实际开发中，如果需要传递一些参数给服务器中的页面，应该使用 $.get() 方法、$.post() 方法或 $.ajax() 方法。

13.4　$.get() 方法

在 jQuery 中，我们可以使用 $.get() 方法通过 Ajax 向服务器请求获取数据。

▼ 语法

```
$.get(url, data, fn, type)
```

▼ 说明

$.get() 方法有 4 个参数，如表 13-2 所示。

表 13-2　$.get() 方法的 4 个参数

参数	说明
url	必选参数，表示被加载的页面地址
data	可选参数，表示发送到服务器的数据
fn	可选参数，表示请求成功后的回调函数
type	可选参数，表示服务器返回的内容格式

参数 type 返回的内容格式包括：text、html、xml、json、script 或 default。

接下来给大家举一个例子，首先我们需要准备两个文件：一个是扩展名为 php 的文件，另一个是扩展名为 html 的文件。

扩展名为 php 的文件代码如下。

```php
<?php
    header("Content-Type:text/html; charset=utf-8");
    echo "<div class='item'><h4>{$_REQUEST['username']}:</h4><p>{$_REQUEST['content']}</p></div>";
?>
```

扩展名为 html 的文件代码如下。

```html
<!DOCTYPE html>
<html>
<head>
    <meta charset="utf-8" />
    <style type="text/css">
        .item h4{margin:5px;background-color:#F1F1F1;}
        .item p{margin:0;text-indent:2em;}
    </style>
    <script src="js/jquery-1.12.4.min.js"></script>
    <script>
    $(function(){
        $("#send").click(function(){
            $.get("get.php", {
                    username : $("#name").val() ,
                    content : $("#content").val()
                }, function (data, textStatus){
                    $("#comment").html(data);  // 把返回的数据添加到页面上
                }
            );
        })
    })
    </script>
</head>
<body>
    <form>
        <fieldset>
            <legend>小伙伴们，快快到碗里来！</legend>
            <p><label>昵称：<input id="name" type="text" /></label></p>
            <p><label>内容：<textarea name="content" id="content"  rows="4" cols="30"></textarea></label></p>
            <p><input id="send" type="button" value="提交" /></p>
        </fieldset>
    </form>
    <h3>已有评论:</h3>
    <div id="comment" ></div>
</body>
</html>
```

预览效果如图 13-12 所示。

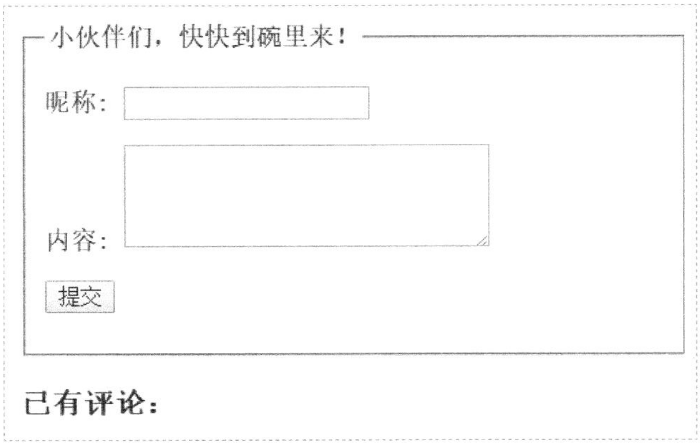

图 13-12　默认效果

▼ 分析

我们在表单中输入内容，点击【提交】按钮后，就会将表单内容通过 Ajax 传给后端服务器，结果如图 13-13 所示。

图 13-13　提交内容后的效果

在回调函数中，我们将返回来的 data（也就是 HTML 片段）直接在 HTML 中使用。HTML 片段实现起来只需要很少的工作量，但这种固定的数据结构并不一定能够在其他的页面得到重用，这一点我们要清楚。

13.5　$.post() 方法

除了 $.get() 方法，我们还可以使用 $.post() 方法来通过 Ajax 向服务器请求获取数据。$.get() 方法和 $.post() 方法在使用方式上差不多，不过两者还是有一定的区别。

- get 方式不适合较大的数据量，并且它的请求信息会保存在浏览器缓存中，因此安全性不好。

- post 方式不存在上述的不足。

语法

```
$.post(url, data, fn, type)
```

说明

$.post() 方法有 4 个参数,如表 13-3 所示。

表 13-3 $.post() 方法的 4 个参数

参数	说明
url	必选参数,表示被加载的页面地址
data	可选参数,表示发送到服务器的数据
fn	可选参数,表示请求成功后的回调函数
type	可选参数,表示服务器返回的内容格式

接下来举一个例子,首先我们需要准备两个文件:一个是扩展名为 php 的文件,另一个是扩展名为 html 的文件。

扩展名为 php 的文件代码如下。

```
<?php
    header("Content-Type:text/html; charset=utf-8");
    echo "<div class='item'><h4>{$_REQUEST['username']}:</h4><p>{$_REQUEST['content']}</p></div>";
?>
```

扩展名为 html 的文件代码如下。

```
<!DOCTYPE html>
<html>
<head>
    <meta charset="utf-8" />
    <style type="text/css">
        .item h4{margin:5px;background-color:#F1F1F1;}
        .item p{margin:0;text-indent:2em;}
    </style>
    <script src="js/jquery-1.12.4.min.js"></script>
    <script>
    $(function(){
       $("#send").click(function(){
            $.post("get.php", {
                    username : $("#name").val() ,
                    content : $("#content").val()
                }, function (data, textStatus){
                    $("#comment").html(data);  // 把返回的数据添加到页面上
                }
            );
       })
    })
    </script>
</head>
```

```html
<body>
    <form>
        <fieldset>
            <legend>小伙伴们，快快到碗里来！</legend>
            <p><label>昵称：<input id="name" type="text" /></label></p>
            <p><label>内容：<textarea name="content" id="content" rows="4" cols="30"></textarea></label></p>
            <p><input id="send" type="button" value="提交" /></p>
        </fieldset>
    </form>
    <h3>已有评论：</h3>
    <div id="comment" ></div>
</body>
</html>
```

预览效果如图 13-14 所示。

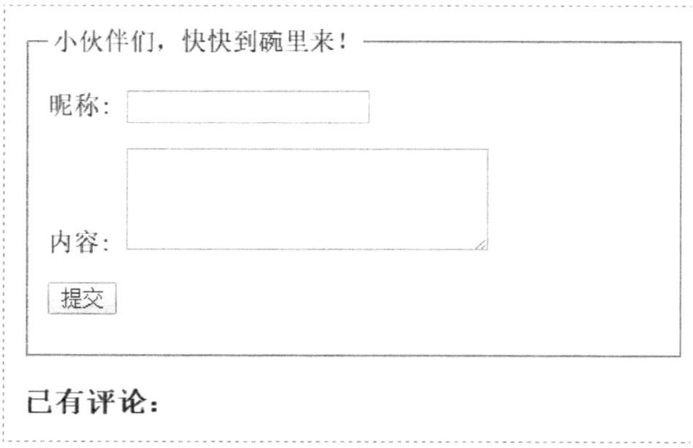

图 13-14　默认效果

� 分析

我们在表单中输入内容，点击【提交】按钮后，就会将表单内容通过 Ajax 传给后端服务器，结果如图 13-15 所示。

图 13-15　提交内容后的效果

上面这个例子与 $.get() 方法的例子是一样的,只不过我们这里是使用 $.post() 方法来实现的。

13.6　$.getJSON() 方法

在 jQuery 中,我们可以使用 $.getJSON() 方法通过 Ajax 请求获取服务器中 JSON 格式的数据。

▼ 语法

```
$.getJSON(url ,data, function(data){
    ……
})
```

▼ 说明

$.getJSON() 是一个全局方法,所谓"全局方法",指的是直接定义在 jQuery 对象(即"$")下的方法。

参数 url 表示被加载的文件地址;参数 data 表示**发送**到服务器的数据,数据为"键值对"格式;参数 function(data){} 表示请求成功后的回调函数,请求失败是不会处理的。

首先,我们在网站根目录下建立两个文件:一个是 info.json 文件,另一个是 getJSON.html 文件。其中 info.json 文件内容如下。

```
[
  {
    "name":"小杰",
    "sex":"男",
    "age": 24
  },
  {
    "name":"小明",
    "sex":"男",
    "age": 24
  },
  {
    "name":"小红",
    "sex":"女",
    "age": 23
  }
]
```

▼ 举例

```
<!DOCTYPE html>
<html>
<head>
    <meta charset="utf-8" />
    <title></title>
    <script src="js/jquery-1.12.4.min.js"></script>
    <script>
        $(function(){
            $("#btn").click(function(){
```

```
            $.getJSON("info.json", function (data) {
                //定义一个变量,用于保存结果
                var str="";
                $.each(data,function(index,info){
                    str += "姓名:" + info["name"] +"<br/>";
                    str += "性别:" + info["sex"] + "<br/>";
                    str += "年龄:" + info["age"] + "<br/>";
                    str += "<hr/>";
                })
                //插入数据
                $("div").html(str);
            })
        })
    </script>
</head>
<body>
    <input id="btn" type="button" value="获取数据" />
    <div></div>
</body>
</html>
```

默认情况下，预览效果如图 13-16 所示。我们点击【获取数据】按钮后，此时预览效果如图 13-17 所示。

图 13-16　默认效果 　　　　图 13-17　点击按钮后的效果

▌ 分析

```
$.each(data,function(index,info){
    str += "姓名:" + info["name"] +"<br/>";
    str += "性别:" + info["sex"] + "<br/>";
    str += "年龄:" + info["age"] + "<br/>";
    str += "<hr/>";
})
```

上面这段代码用于遍历 JSON 对象，JSON 是一种数据格式，这个属于 JavaScript 的内容。

如果小伙伴们不了解 JSON，可以看一下绿叶学习网的 JSON 教程。

在上面这个例子中，我们在使用 $.each() 方法的时候要特别小心。由于该 JSON 本质上是一个数组，因此我们应该使用 $.each() 操作数组的方法，而不是操作对象的方法，这个可以参考"11.4 数组操作"这一节。

13.7 $.getScript() 方法

在 jQuery 中，我们可以使用 $.getScript() 方法通过 Ajax 请求获取并运行一个外部 JavaScript 文件。$.getScript() 是一个用于**动态加载** JavaScript 的方法。当网站需要加载大量 JavaScript 时，动态加载 JavaScript 就是一个比较好的方法。当需要某个功能时，再将相应的 JavaScript 加载进来。

▼ 语法

```
$.getScript(url, fn)
```

▼ 说明

$.getScript() 方法有两个参数，如表 13-4 所示。

表 13-4 $.getScript() 方法的两个参数

参数	说明
url	必选参数，表示被加载的 JavaScript 文件路径
fn	可选参数，表示请求成功后的回调函数

首先我们需要准备一个 JavaScript 文件，代码如下。

```
console.log("从0到1系列图书");
```

▼ 举例

```
<!DOCTYPE html>
<html>
<head>
    <meta charset="utf-8" />
    <title></title>
    <script src="js/jquery-1.12.4.min.js"></script>
    <script>
        $(function(){
            $("#btn").click(function(){
                $.getScript("js/test.js")
            })
        })
    </script>
</head>
<body>
    <input id="btn" type="button" value="加载"/>
</body>
</html>
```

默认情况下，预览效果如图 13-18 所示。我们点击【加载】按钮后，可以看到控制台输出信息如图 13-19 所示。

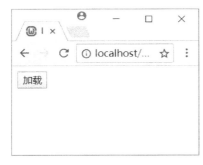

图 13-18　默认效果

图 13-19　控制台输出信息

▌分析

一开始控制台是没有内容输出的，当我们点击【加载】按钮后，才会尝试加载 test.js 这个文件。小伙伴们可能就会问了："在 head 标签中使用 script 标签也可以引入外部 JavaScript 文件，与使用 $.getScript() 方法加载外部 JavaScript 文件有什么不同吗？"

相对传统的加载方式，$.getScript() 方法有以下两个优点。

- ▶ 异步跨域加载 JavaScript 文件。
- ▶ 可避免提前加载 JavaScript 文件，只有需要的时候才会去加载。这样可以减少服务器和客户端的负担，加快页面的加载速度。

对于上面的第 2 点，我们可以来看下面一个非常有用的例子。

▌举例

```
<!DOCTYPE html>
<html>
<head>
    <meta charset="utf-8" />
    <title></title>
    <style type="text/css">
        div
        {
            width:50px;
            height:50px;
            background-color:lightskyblue;
        }
    </style>
    <script src="js/jquery-1.12.4.min.js"></script>
    <script src="js/jquery.color.js"></script>
    <script>
        $(function () {
            $("div").click(function () {
                $(this).animate({ "width": "150px", "height": "150px" , "background-color": "red" }, 1000);
            })
        })
```

```
        </script>
    </head>
    <body>
        <div></div>
    </body>
</html>
```

默认情况下,预览效果如图13-20所示。我们点击div元素后,此时预览效果如图13-21所示。

图 13-20　默认效果　　　　图 13-21　点击 div 元素后的效果

分析

jQuery 本身有一个缺陷,就是使用 animate() 方法会无法识别 background-color、border-color 等颜色属性。因此,我们还需要引入第三方插件 jquery.color.js 来修复这个 bug。对于这一点,我们在 "8.5　自定义动画" 这一节中已经详细介绍过了。

上面这个例子就是使用 script 标签来引入 jquery.color.js 插件的,这种方式在页面一打开的时候就会立即加载 JavaScript 文件。像这种插件性的东西,大多数时候我们都是希望在要用到它的时候才去加载,所以可以使用 $.getScript() 方法来优化上面这个例子。优化后的代码如下。

```
<!DOCTYPE html>
<html>
<head>
    <meta charset="utf-8" />
    <title></title>
    <style type="text/css">
        div
        {
            width:50px;
            height:50px;
            background-color:lightskyblue;
        }
    </style>
    <script src="js/jquery-1.12.4.min.js"></script>
    <script>
        $(function () {
            $("div").click(function () {
                $.getScript("js/jquery.color.js");
                $(this).animate({ "width": "150px", "height": "150px" , "background-color": "red" }, 1000);
            })
        })
```

```
            </script>
        </head>
        <body>
            <div></div>
        </body>
    </html>
```

> **【解惑】**
>
> **每次执行该功能的时候都会去请求一次这个 JavaScript 文件，这样不是在帮倒忙吗？**
>
> 其实 $.getScript() 方法是对 ajax() 方法的一个封装，可以使用 ajax() 方法的缓存来将 http 的状态从 200 改变成 304，从而使用客户端的缓存。
>
> ```
>     $.ajaxSetup({
>         cache:true
>     })
> ```

13.8 $.ajax() 方法

前面几节，我们介绍了很多有关 Ajax 的方法，如 load() 方法、$.getJSON() 方法、$.get() 方法、$.post() 方法。事实上，这几种方法从本质上来说都是使用 $.ajax() 方法来实现的。换句话来说，它们都是 $.ajax() 方法的简化版，它们能实现的功能，$.ajax() 都能实现，因为 $.ajax() 是最底层的方法。

▼ 语法

$.ajax(options)

▼ 说明

$.ajax() 方法只有一个参数，这个参数是一个对象。该对象中包含了 Ajax 请求所需要的各种信息，并且以"键值对"的形式存在。

options 是一个对象，这个对象内部有很多参数可以设置，所有参数都是可选的，如表 13-5 所示。

表 13-5 $.ajax() 方法中的参数

参数	说明
url	被加载的页面地址
type	数据请求方式，"get"或"post"，默认为"get"
data	发送到服务器的数据，可以是字符串或对象
dataType	服务器返回数据的类型，如：text、html、script、json、xml
beforeSend	发送请求前可以修改 XMLHttpRequest 对象的函数
complete	请求"完成"后的回调函数
success	请求"成功"后的回调函数
error	请求"失败"后的回调函数

续表

参数	说明
timeout	请求超时的时间，单位为"毫秒"
global	是否响应全局事件，默认为 true（即响应）
async	是否为异步请求，默认为 true（即异步）
cache	是否进行页面缓存，true 表示缓存，false 表示不缓存

▼ 举例：$.ajax() 代替 $.getJSON()

```html
<!DOCTYPE html>
<html>
<head>
    <meta charset="utf-8" />
    <title></title>
    <script src="js/jquery-1.12.4.min.js"></script>
    <script>
        $(function(){
            $("#btn").click(function(){
                $.ajax({
                    url:"info.json",
                    type:"get",
                    dataType:"json",
                    success:function(data){
                        //定义一个变量，用于保存结果
                        var str = "";
                        $.each(data, function (index, info) {
                            str += "姓名:" + info["name"] + "<br/>";
                            str += "性别:" + info["sex"] + "<br/>";
                            str += "年龄:" + info["age"] + "<br/>";
                            str += "<hr/>";
                        })
                        //插入数据
                        $("div").html(str);
                    }
                })
            })
        })
    </script>
</head>
<body>
    <input id="btn" type="button" value="获取数据" />
    <div></div>
</body>
</html>
```

默认情况下，预览效果如图 13-22 所示。我们点击【获取数据】按钮后，此时预览效果如图 13-23 所示。

获取数据

图 13-22 默认效果

图 13-23　单击按钮后的效果

▼ 分析

```
$.ajax({
    url:"info.json",
    type:"get",
    dataType:"json",
    success:function(data){
        ……
    }
})
```

上面这段代码其实等价于：

```
$.getJSON("info.json", function (data) {
    ……
})
```

▼ 举例：$.ajax() 代替 $.getScript()

```
<!DOCTYPE html>
<html>
<head>
    <meta charset="utf-8" />
    <title></title>
    <script src="js/jquery-1.12.4.min.js"></script>
    <script>
        $(function(){
            $("#btn").click(function(){
                $.ajax({
                    url:"js/test.js",
                    type:"get",
                    dataType:"script"
                })
            })
        })
    </script>
</head>
<body>
```

```
    <input id="btn" type="button" value="加载"/>
</body>
</html>
```

默认情况下，预览效果如图 13-24 所示。我们点击【加载】按钮后，可以看到控制台输出信息如图 13-25 所示。

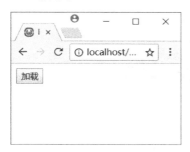

图 13-24　默认效果

图 13-25　控制台输出信息

▼ 分析

一开始控制台是没有内容输出的，我们点击【加载】按钮后，才会尝试加载 test.js 这个文件。

```
$.ajax({
    url:"js/test.js",
    type:"get",
    dataType:"script"
})
```

上面这段代码其实等价于：

```
$.getScript("js/test.js")
```

13.9　本章练习

单选题

1. 在 jQuery 中，我们可以使用（　　）方法通过 Ajax 请求获取服务器中 JSON 格式的数据。
   A. $.get()　　　　　　　　　　　B. $.post()
   C. $.getJSON()　　　　　　　　 D. $.getScript()
2. 下面有关 jQuery Ajax 的说法中，不正确的是（　　）。
   A. Ajax 能够刷新指定的页面区域，而不是刷新整个页面
   B. $.get() 和 $.post() 这两个方法是完全等价的
   C. 可以使用 $.ajax() 方法来实现 load()、$.getJSON()、$.get()、$.post() 这几个方法的功能
   D. $.ajax() 方法默认的数据请求方式是"get"

第 14 章 高级技巧

14.1 index() 方法

在 jQuery 中，我们可以使用 index() 方法来获取当前 jQuery 对象集合中"指定元素"的索引值。

▼ 语法

```
$().index()
```

▼ 说明

index() 方法可以接受一个"jQuery 对象"或"DOM 对象"作为参数，不过一般情况下，我们很少会使用到参数。当 index() 不带参数时，一般指的是当前元素相对于父元素的索引值。

应特别注意一点，索引值是从 0 开始而不是从 1 开始的。

▼ 举例

```
<!DOCTYPE html>
<html>
<head>
    <meta charset="utf-8" />
    <title></title>
    <script src="js/jquery-1.12.4.min.js"></script>
    <script>
        $(function () {
            $("li").click(function () {
                var index = $(this).index();
                alert("当前元素的索引是:"+index);
            })
        })
    </script>
</head>
<body>
```

```
        <ul>
            <li>HTML</li>
            <li>CSS</li>
            <li>JavaScript</li>
            <li>jQuery</li>
            <li>Vue.js</li>
        </ul>
    </body>
</html>
```

预览效果如图 14-1 所示。

- HTML
- CSS
- JavaScript
- jQuery
- Vue.js

图 14-1　index() 方法的效果

▌ 分析

$(this).index() 表示获取当前 li 元素的索引值。其中索引值从 0 开始，例如第 1 个 li 元素的索引值是 0，第 2 个 li 元素的索引值为 1，以此类推。

index() 方法非常有用，特别是在 Tab 选项卡和图片轮播特效中，我们来看一下它在 Tab 选项卡中是怎么用的。

▌ 举例：Tab 选项卡

```
<!DOCTYPE html>
<html>
<head>
    <meta charset="utf-8" />
    <title></title>
    <style type="text/css">
        *{padding: 0;margin: 0;}
        .title{list-style-type: none;overflow: hidden;}
        .title li
        {
            float: left;
            width:100px;
            height:36px;
            line-height:36px;
            text-align:center;
            color:white;
            cursor: pointer;
        }
        .title li:nth-child(1){background-color: hotpink;}
        .title li:nth-child(2){background-color: lightskyblue;}
        .title li:nth-child(3){background-color: purple;}
```

```
        .content
        {
            width:298px;
            border:1px solid gray;
        }
        .content li{display: none;}
        li.current{display: block;}
    </style>
    <script src="js/jquery-1.12.4.min.js"></script>
    <script>
        $(function () {
            $(".title li").click(function () {
                var n = $(this).index();
                $(".content li").removeClass("current").eq(n).addClass("current");
            })
        })
    </script>
</head>
<body>
    <div class="wrapper">
        <ul class="title">
            <li>娱乐</li>
            <li>经济</li>
            <li>军事</li>
        </ul>
        <ul class="content">
            <li class="current">这是"娱乐"栏目<br/>这是"娱乐"栏目<br/>这是"娱乐"栏目</li>
            <li>这是"经济"栏目<br/>这是"经济"栏目<br/>这是"经济"栏目</li>
            <li>这是"军事"栏目<br/>这是"军事"栏目<br/>这是"军事"栏目</li>
        </ul>
    </div>
</body>
</html>
```

预览效果如图 14-2 所示。

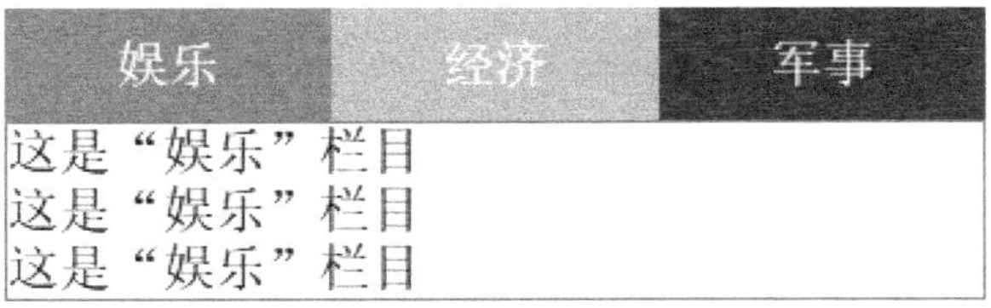

图 14-2 Tab 选项卡

▌ 分析

当我们点击上方的第 n 个 li 元素，就会显示下方对应的第 n 个 li 元素，这就是我们常见的"Tab 选项卡"效果。

```
$(".content li").removeClass("current").eq(n).addClass("current");
```

对于上面这句代码，很多初学的小伙伴可能看不懂，其实我们一步步来分析也是很容易理解的。首先 $(".content li").removeClass("current") 表示移除所有 li 元素中的"current"这个类名，然后 eq(n) 表示获取索引值为 n 的 li 元素，最后 addClass("current") 表示给索引值为 n 的 li 元素添加"current"这个类名。

这句代码非常经典，也非常有用，大家一定要认真琢磨透。上面这个例子的样式有点丑，小伙伴们可以自行完善一下。我们简化样式只是为了方便讲解。

14.2 链式调用

在 jQuery 中，我们可以采用链式调用的方式来简化操作。其中，链式调用一般针对的是同一个 jQuery 对象。

▼ 举例

```
<!DOCTYPE html>
<html>
<head>
    <meta charset="utf-8" />
    <title></title>
    <script src="js/jquery-1.12.4.min.js"></script>
    <script>
        $(function () {
            $("div").mouseover(function(){
                $(this).css("color", "red");
            });
            $("div").mouseout(function () {
                $(this).css("color", "black");
            })
        })
    </script>
</head>
<body>
    <div>绿叶学习网</div>
</body>
</html>
```

预览效果如图 14-3 所示。

图 14-3　链式调用

▼ 分析

```
$("div").mouseover(function(){
    $(this).css("color", "red");
})
$("div").mouseout(function () {
    $(this).css("color", "black");
})
```

上面代码，由于操作的都是 $("div")，因此我们可以使用链式调用语法来简化代码，如下所示。

```
$("div").mouseover(function(){
    $(this).css("color", "red");
}).mouseout(function () {
    $(this).css("color", "black");
})
```

在 jQuery 中，如果对同一个对象进行多种操作，则可以使用链式调用的语法。链式调用是 jQuery 中经典语法之一，不仅节省代码量，还可以提高网站的性能。

▼ 举例

```
<!DOCTYPE html>
<html>
<head>
    <meta charset="utf-8" />
    <title></title>
    <style type="text/css">
        table, tr, td{border:1px solid silver;}
        td
        {
            width:40px;
            height:40px;
            line-height:40px;
            text-align:center;
        }
    </style>
    <script src="js/jquery-1.12.4.min.js"></script>
    <script>
        $(function(){
            $("td").hover(function () {
                $(this).parent().css("background-color", "silver");
            }, function () {
                $(this).parent().css("background-color", "white");
            })
        })
    </script>
</head>
<body>
    <table>
        <tr>
            <td>2</td>
```

```
            <td>4</td>
            <td>8</td>
        </tr>
        <tr>
            <td>16</td>
            <td>32</td>
            <td>64</td>
        </tr>
        <tr>
            <td>128</td>
            <td>256</td>
            <td>512</td>
        </tr>
    </table>
</body>
</html>
```

默认情况下，预览效果如图 14-4 所示。当鼠标指针移到某一个单元格上时，预览效果如图 14-5 所示。

2	4	8
16	32	64
128	256	512

图 14-4　默认效果

2	4	8
16	32	64
128	256	512

图 14-5　鼠标指针移到单元格上时的效果

分析

```
$(this).parent().css("background-color", "silver")
```

上面这句代码也用到了链式调用语法，其中 $(this).parent() 表示选取当前 td 元素的父元素（tr），然后再调用 css() 方法。

在使用链式调用语法时，为了照顾到代码的可读性，我们还可以把一行代码分散到几行来写，例如下面这样。

```
$(".content li")
  .removeClass("current")
  .eq(n)
  .addClass("current");
```

14.3 jQuery 对象与 DOM 对象

jQuery 对象和 DOM 对象是完全不一样的，在介绍两者区别之前，我们先来看一个简单的例子。

```
<!DOCTYPE html>
<html>
```

```
<head>
    <meta charset="utf-8" />
    <title></title>
    <script src="js/jquery-1.12.4.min.js"></script>
    <script>
        $(function () {
            $("div").innerText = "绿叶学习网";
        })
    </script>
</head>
<body>
    <div></div>
</body>
</html>
```

预览效果如图14-6所示。

图14-6 页面没有内容

分析

咦，怎么回事？ $("div").innerText不是用于设置div元素内部文本内容的吗？为什么页面没有内容呢？

其实$("div")获取的是一个jQuery对象，而innerText却是DOM对象的属性。jQuery对象与DOM对象是两个完全不同的对象，很多初学者容易忽略这一点。我们把jQuery对象比作“张三”，把DOM对象比作“李四”，那么innerText就是“李四的儿子”。张三（jQuery）怎么可以随便就把李四的儿子（innerText）当成自己的儿子来使唤呢。

小伙伴们一定要记住，如果你获取的是jQuery对象，就只能使用jQuery的方法；如果你获取的是DOM对象，就只能使用DOM方法（即原生JavaScript方法），两者是不能混用的。因此，对于上面这个例子，正确的做法有两种。

```
//方法1：使用jQuery
$("div").text("绿叶学习网")

//方法2：使用DOM
var oDiv = document.getElementsByTagName("div")[0];
oDiv.innerText="绿叶学习网";
```

总而言之，凡是通过$()获取到的都是jQuery对象，必须使用jQuery的方法。

在使用 jQuery 的过程中，有时我们又想使用 DOM 对象的方法或属性，这个时候就需要将 jQuery 对象转化为 DOM 对象。在 jQuery 中，将一个 jQuery 对象转化为 DOM 对象有两种方法：一种是"下标方式"，另一种是"get() 方法"。

▌ **语法**

```
//方法1
$()[n]
//方法2
$().get(n)
```

▌ **说明**

这里，$() 表示的是你获取的 jQuery 对象。对于 get() 方法来说，get(0) 表示获取第 1 个元素，get(1) 表示获取第 2 个元素，……，依此类推。当参数省略时，表示获取的是一个元素集合。

▌ **举例**

```
<!DOCTYPE html>
<html>
<head>
    <meta charset="utf-8" />
    <title></title>
    <script src="js/jquery-1.12.4.min.js"></script>
    <script>
        $(function () {
            var $li = $("li");              //获取jQuery对象
            var oLi = $("li").get();        //转换为DOM对象
            oLi.reverse();                  //调用数组方法，颠倒元素顺序
            $("ul").html(oLi);              //插入元素
        })
    </script>
</head>
<body>
    <ul>
        <li>HTML</li>
        <li>CSS</li>
        <li>JavaScript</li>
    </ul>
</body>
</html>
```

预览效果如图 14-7 所示。

图 14-7 get() 方法的效果

▌ 分析

由于 get() 方法的参数省略了，因此 $("li").get() 获取的是一个 DOM 元素集合。如果想要获取第 1 个 li 元素，我们可以使用 $("li").get(0) 来实现。下面两行代码其实是等价的。

```
$("li").get(0)
$("li")[0]
```

不过应注意一点，上面两行代码获取的结果都是 DOM 对象，而不再是 jQuery 对象了。

14.4 解决库冲突

在某些情况下，可能有必要在同一个页面中使用多个 JavaScript 库。但是很多库都使用了"$"这个符号（因为它简短方便），这时就需要用一种方式来避免名称的冲突了。

在 jQuery 中，我们可以使用 jQuery.noConflict() 方法来把"$"符号的控制器过渡给其他库。其中，jQuery.noConflict() 方法的一般使用模式如下。

```
<script src="prototype.js"></script>
<script src="jquery-12.8.min.js"></script>
<script>
    jQuery.noConflict();
</script>
```

首先引入 prototype 库，然后引入 jQuery 库，接着我们使用 noConflict() 方法让出"$"，以便将"$"的控制权让给 prototype 库。这样，我们就可以在页面中同时使用两个库了。

还有一点要注意的，使用 jQuery.noConflict() 之后，如果还想要使用 jQuery 库的方法，我们必须使用"jQuery"来代替"$"，因为此时"$"的使用权已经让出去了。

▌ 举例：使用 jQuery.onConflict() 方法前后的"$"

```
<!DOCTYPE html>
<html>
<head>
    <meta charset="utf-8" />
    <title></title>
    <script src="js/jquery-1.12.4.min.js"></script>
    <script>
        $(function () {
            console.log($);
            jQuery.noConflict();
            console.log($);
        })
    </script>
</head>
<body>
    <div></div>
</body>
</html>
```

控制台输出结果如图 14-8 所示。

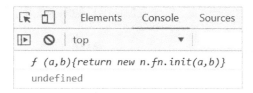

图 14-8　使用 jQuery.onConflict() 方法前后的"$"

▌ 分析

从输出结果可以看出，使用 jQuery.noConflict() 方法之前，"$"指向的还是 jQuery 对象。但是使用了 jQuery.noConflict() 方法之后，"$"就不再是指向 jQuery 对象，而是变成 undefined 了。这个时候，"$"就等于让出去了，可以用于其他地方了。

▌ 举例：使用 jQuery.noConflict() 方法前后的"jQuery"

```html
<!DOCTYPE html>
<html>
<head>
    <meta charset="utf-8" />
    <title></title>
    <script src="js/jquery-1.12.4.min.js"></script>
    <script>
        $(function () {
            console.log(jQuery);
            jQuery.noConflict();
            console.log(jQuery);
        })
    </script>
</head>
<body>
    <div></div>
</body>
</html>
```

预览效果如图 14-9 所示。

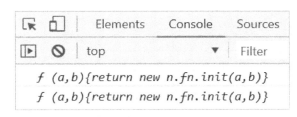

图 14-9　使用 jQuery.noConflict() 方法前后的"jQuery"

▌ 分析

从输出结果可以看出，不管是否使用 jQuery.noConflict() 方法，"jQuery"这个变量始终指向的是 jQuery 对象本身。

利用"$"和"jQuery"在使用 jQuery.noConflict() 方法之后的不同，我们可以在使用

jQuery.noConflict() 方法之后，把“$”这个变量让给其他库来使用，这样就不会导致两个库之间的冲突。请看下面的例子。

举例

```
<!DOCTYPE html>
<html>
<head>
    <meta charset="utf-8" />
    <title></title>
    <script src="js/prototype.min.js"></script>
    <script src="js/jquery-1.12.4.min.js"></script>
    <script>
        jQuery.noConflict();
        //这里之后可以把“$”交给prototype库使用
    </script>
    <script>
        (function ($) {
            $(function () {
                $("div").html("<strong>绿叶学习网</strong>");
            })
        })(jQuery)
    </script>
</head>
<body>
    <div></div>
</body>
</html>
```

预览效果如图 14-10 所示。

图 14-10 jQuery.noConflict() 方法的使用效果

分析

使用了 jQuery.noConflict() 方法之后，如果还想继续让“$”指向 jQuery 对象，我们可以使用一个立即执行函数来建立一个封闭环境，使得在函数内部中，“$”指向 jQuery 对象。这样，就不会与外部的“$”冲突了。

```
(function ($) {
    ……
})(jQuery)
```

立即执行函数并不属于 jQuery 的内容，而是属于 JavaScript 的内容。其中涉及的内容比较多，这里就不详细展开了。JavaScript 基础不扎实的小伙伴，可以自行搜索和了解。

14.5　jQuery CDN

14.5.1　CDN 简介

CDN，全称是 Content Delivery Network，即"内容分发网络"。那么 CDN 具体是什么呢？我们先来看一个简单的例子。

对于图 14-11 中的两台电脑，如果想要访问到服务器，就需要经过多个节点。其中电脑 1 有两条访问线路："电脑 1 → A → B → C → 服务器"和"电脑 1 → A → B → D → 服务器"。电脑 2 有两条访问线路："电脑 2 → B → D → 服务器"和"电脑 2 → B → C → 服务器"。

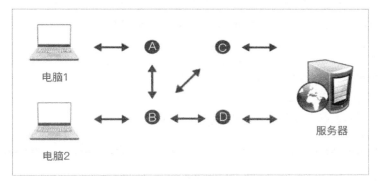

图 14-11　没有 CDN 的访问路线

电脑每次访问服务器，都需要经过多个节点，访问速度肯定会慢很多。那么小伙伴们就会问了："我们可不可以使得电脑不需要经过多余节点，而是直接去访问服务器呢？"答案肯定是可以的。

我们可以将服务器制作成两个副本，然后把这两个副本放置在离用户比较近的地方，如图 14-12 所示。这样当我们想要访问服务器时，只需要访问服务器的副本就可以了。这种方式可以大大提升访问速度，减少流量的浪费。

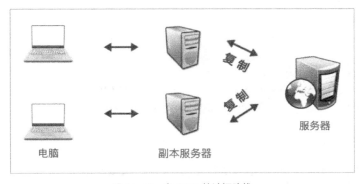

图 14-12　有 CDN 的访问路线

CDN，简单点来说，就是在离你最近的地方放置一台性能好、连接顺畅的副本服务器，让你能够在最近的距离、以最快的速度获取内容。

14.5.2　jQuery CDN

想要布置副本服务器，需要耗费大量的资金，不过，我们可以借助第三方提供的 CDN 路线。对于 jQuery CDN，常用的路线如下。

```
//jQuery官网
<script
  src="http://code.jquery.com/jquery-1.12.4.min.js"
  integrity="sha256-ZosEbRLbNQzLpnKIkEdrPv7lOy9C27hHQ+Xp8a4MxAQ="
  crossorigin="anonymous">
</script>

//bootCDN
<script src="https://cdn.bootcss.com/jquery/1.12.4/jquery.min.js"></script>
```

简单来说，我们只要引入上面的代码，就不需要引入本地的 jQuery 库了，请看下面的例子。

▼ 举例

```
<!DOCTYPE html>
<html>
<head>
    <meta charset="utf-8" />
    <title></title>
    <script src="https://cdn.bootcss.com/jquery/1.12.4/jquery.min.js"></script>
    <script>
        $(function () {
            $("div").css("color","red");
        })
    </script>
</head>
<body>
    <div>虽然长得丑，但是想得美。</div>
</body>
</html>
```

预览效果如图 14-13 所示。

虽然长得丑，但是想得美。

图 14-13　使用 jQuery CDN 的效果

▼ 分析

在上面例子中，虽然我们没有引入本地 jQuery 库，但是使用了 jQuery CDN，因此 jQuery 代码依然会生效。jQuery CDN，就是引用其他网站的 jQuery 库。这种方式可以大大提高页面加载速度，也可以减少自己网站的流量浪费。

> 【解惑】
>
> 学完这本书之后，接下来我们应该学哪些内容呢？
>
> 这本书介绍的都是 jQuery 的基本使用以及各种高级开发技巧。然而前端技术远不止这些，如果小伙伴们想要成为一名合格的前端工程师，我们接下来要学习更多前端技术。
>
> 如果你使用的是"从 0 到 1"系列，那么下面是推荐的学习顺序。
>
> 《从 0 到 1：HTML + CSS 快速上手》→《从 0 到 1：CSS 进阶之旅》→《从 0 到 1：JavaScript 快速上手》→《从 0 到 1：jQuery 快速上手》→《从 0 到 1：HTML5+CSS3 修炼之道》→《从 0 到 1：HTML5 Canvas 动画开发》→未完待续

14.6 本章练习

一、单选题

1. 在 jQuery 中，与 $(this).get(0) 等价的是哪一个？（　　）。
    A. $(this).eq(0)　　　　　　B. $(this).get()
    C. $(this)[0]　　　　　　　D. $(this).eq()

2. 下面有一段代码，则四个选项中不能获取第二个文本框输入值的是（　　）。

```html
<!DOCTYPE html>
<html>
<head>
    <meta charset="utf-8" />
    <title></title>
</head>
<body>
    <label>账号:<input id="name" type="text" /></label>
    <label>手机:<input id="tel" type="text" /></label>
</body>
</html>
```

   A. $("#tel").val()　　　　　　B. $("input")[1].val()
   C. $("input").get(1).value　　D. $("input")[1].value

3. 下面有关 jQuery 的说法中，正确的是（　　）。
    A. 链式调用一般针对的是同一个 jQuery 对象
    B. index() 方法返回的索引值是从 1 开始的
    C. 可以使用 eq() 方法将 jQuery 对象转换为 DOM 对象
    D. 使用 jQuery CDN 会让页面加载速度变慢

二、简答题

1. DOM 对象与 jQuery 对象之间是怎么相互转换的？（前端面试题）
2. 为什么要使用第三方 CDN 来引用 jQuery 库文件？

附录 A DOM 操作方法

表 A-1 节点操作

方法	说明
prepend()、prependTo()	在元素内部的"开始处"插入
append()、appendTo()	在元素内部的"末尾处"插入
before、insertBefore()	在元素外部的"前面"插入
after()、insertAfter()	在元素外部的"后面"插入
remove()	将元素及内部所有内容删除,包括绑定事件
detach()	将元素及内部所有内容删除,不包括绑定事件
empty()	清空元素内部所有内容,但是不包括元素本身
clone(bool)	复制元素
replaceWith()	替换元素
replaceAll()	替换元素,与 replaceWith() 的操作对象颠倒
wrap()	将所有元素"单独"包裹
wrapAll()	将所有元素"一起"包裹
wrapInner()	将元素内部所有内容包裹
each()	遍历元素

表 A-2 操作 HTML 属性

方法	说明
attr("属性")	获取属性的值
attr("属性","取值")	设置属性的值
prop("属性")	获取属性的值,一般用于 checked、selected 和 disabled
prop("属性","取值")	设置属性的值,一般用于 checked、selected 和 disabled
removeAttr("属性")	删除某个属性

表 A-3　操作 CSS 样式

方法	说明
css(" 属性 ")	获取属性的值
css(" 属性 "," 取值 ")	设置一个属性的值
css(对象)	设置多个属性的值
addClass(" 类名 ")	添加 class
removeClass(" 类名 ")	删除 class
toggleClass(" 类名 ")	切换 class
width()	获取元素宽度
width(n)	设置元素宽度，值为 n 像素
height()	获取元素高度
height(n)	设置元素高度，值为 n 像素
offset().top	获取元素相对于当前文档"顶部"的距离
offset().left	获取元素相对于当前文档"左部"的距离
position().top	获取元素相对于最近被定位的祖先元素"顶部"的距离
position().left	获取元素相对于最近被定位的祖先元素"左部"的距离
scrollTop()	获取滚动距离
scrollTop(n)	设置滚动距离，值为 n 像素

表 A-4　操作元素内容

方法	说明
html()	获取 HTML 内容
html("HTML 内容 ")	设置 HTML 内容
text()	获取文本内容
text(" 文本内容 ")	设置文本内容
val()	获取表单元素的值
val(" 值内容 ")	设置表单元素的值

附录 B 常见的事件

表 B-1 基本事件

事件	说明
ready	页面事件
click	鼠标单击事件
mouseover	鼠标（指针）移入事件
mouseout	鼠标（指针）移出事件
mousedown	鼠标按下事件
mouseup	鼠标松开事件
mousemove	鼠标移动事件
keydown	键盘按下事件
keyup	键盘松开事件
focus	获取焦点事件
blur	失去焦点事件
select	选择文本框内容时触发
change	选择表单某一项时触发
contextmenu	编辑事件
scroll	滚动事件

表 B-2 事件进阶

方法	说明
on(type, fn)	绑定事件
off(type)	解绑事件
hover(fn1, fn2)	合成事件
one(type, fn)	一次事件
trigger()	触发自定义事件

附录 C 常见的动画

表 C jQuery 动画

方法	说明
show()	显示元素
hide()	隐藏元素
toggle()	切换状态
fadeIn()	元素淡入
fadeOut()	元素淡出
fadeToggle()	切换状态
fadeTo(speed, opacity, fn)	指定淡出效果透明度
slideUp()	滑上效果
slideDown()	滑下效果
slideToggle()	切换状态
animate(params, speed, fn)	自定义动画
animate().animate().…….animate()	队列动画
stop()	停止动画
delay(speed)	延迟动画
is(":animated")	判断动画状态

附录 D 过滤方法

表 D 过滤方法

方法	说明
hasClass()	类名过滤
eq()	下标过滤
is()	判断过滤
not()	反向过滤
filter()、has()	表达式过滤

附录 E 查找方法

表 E 查找方法

方法	说明
parent()	查找父元素
parents()	查找祖先元素
parentsUntil()	查找"指定范围"的祖先元素
children()	查找子元素
find()	查找后代元素
contents()	查找子元素及其内部文本（很少用）
prev()	查找前面"相邻"的兄弟元素
prevAll()	查找前面所有兄弟元素
prevUntil()	查找前面"指定范围"的兄弟元素（很少用）
next()	查找后面"相邻"的兄弟元素
nextAll()	查找后面所有兄弟元素
nextUntil()	查找后面"指定范围"的兄弟元素（很少用）
siblings()	查找所有兄弟元素